U0565779

Physik ist, wenn's knallt

让物理引爆你的世界

现实生活中的爆笑实验秀

[德] 马库斯·韦伯（Marcus Weber）

尤迪特·韦伯（Judith Weber） 著

汪成颢 译

山西出版传媒集团　山西人民出版社

图书在版编目（CIP）数据

让物理引爆你的世界：现实生活中的爆笑实验秀 /
（德）马库斯·韦伯，（德）尤迪特·韦伯著；汪成颢译.
太原：山西人民出版社，2025. -- ISBN 978-7-203
-13585-2

Ⅰ. O4-33

中国国家版本馆 CIP 数据核字第 20259JH775 号

著作权合同登记号：04-2025-004

Original title: PHYSIK IST, WENN'S KNALLT
by Marcus and Judith Weber
© 2019 by Wilhelm Heyne Verlag,
a division of Penguin Random House Verlagsgruppe GmbH, München, Germany.

让物理引爆你的世界：现实生活中的爆笑实验秀

著　　者：	（德）马库斯·韦伯　（德）尤迪特·韦伯
译　　者：	汪成颢
责任编辑：	孙宇欣
复　　审：	崔人杰
终　　审：	贺　权
装帧设计：	陆红强
出 版 者：	山西出版传媒集团·山西人民出版社
地　　址：	太原市建设南路 21 号
邮　　编：	030012
发行营销：	0351-4922220　4955996　4956039　4922127（传真）
天猫官网：	http://sxrmcbs.tmall.com　电话:0351-4922159
E-mail：	sxskcb@163.com 发行部
	sxskcb@126.com 总编室
网　　址：	www.sxskcb.com
经 销 者：	山西出版传媒集团·山西人民出版社
承 印 厂：	唐山玺诚印务有限公司
开　　本：	870mm×1120mm　1/32
印　　张：	7.5
字　　数：	180 千字
版　　次：	2025 年 5 月　第 1 版
印　　次：	2025 年 5 月　第 1 次印刷
书　　号：	ISBN 978-7-203-13585-2
定　　价：	48.00 元

如有印装质量问题请与本社联系调换

序　言

大家好！我是埃尔顿。

啊哈！赶巧了！读书时间！

是的，糟糕的是，要让人心甘情愿地读一本关于物理学的书？若是在 35 年前我准会觉得这人不太正常。与其花时间去读一本无聊的物理读物，我宁愿去读一本电话簿，至少电话簿是免费的。不不不，在我的变声期之前，我已经彻底告别物理学了。对于这门自然学科，我是多少有些失望在里头的。

小学快毕业那会儿，第一次在课程表上出现的物理课，寄托了我的所有希望。因为当时除了体育课之外，所有其他科目的学习强度都变得异常大，所以让人觉得相当无聊。

至于物理学，那必须是我最喜欢的课程！单就物理教室里的各种设备和仪器来说，它们带着开关、旋钮，还有到处挂着电缆的特制桌子，这些就足以让人兴奋不已。高科技！太不可思议了！　据说，在物理课中，会有"真正的实验"！来自各方的消息都肯定了这个说法。我对此没有过丝毫怀疑，当时也没有谷歌，所以我很自然地相信了这些"胡说八道"。

第一节物理课上，我的物理老师就说："物理会给你一双不同的眼睛去观察世界！"太酷了，这听起来几乎像是赋予了你超能力！果不其然，他马上宣布了我们将立即开始物理课的第一个实验。

太棒了！我想，我们要开始"真正的实验"了！多么令人兴奋！我不停地想着，我的第一个发现会是什么？我仿佛看到自己已经发现了隐秘世界的公式，或是发现了激光。我将因为我的发现被载入史册。

我一直认为，人们之所以做实验，是因为在做实验之前，你不知道会发生什么，因为任何事情都可能发生——至少我是这么认为的。可我们做了什么？我们的实验居然是煮水！因为我们要证明当水沸腾时，它会蒸发！水在沸腾后的确会蒸发。这就是我们的"实验"——烧开水！

我们还做了一个实验，在一个倾斜的平面上，放上一辆玩具车！瞧，没错，车滚下来了！哦，我的天哪，不敢相信，不知道这些年来我是怎么用雪橇板上山的！

难道这就是物理学？我想这一定是个大笑话。

这就是"真正的实验"。物理中，在实验进行之前，人们便已经知道实验的结果了，实验如此进行，只是帮助人们去证明这个已知结果罢了。你也许可以加上一两个条件，但也仅此而已。物理与其他学科一样无聊，不，物理是最无聊的。它对于我来说已经死了。

整整30年，我都不太关注这门自然科学。为何？离开了物理，我的生活并没有什么变化。即使我不怎么会这些和重力有关的实验和计算，我仍然被万有引力牢牢吸引在地球上。对我来说，物理是多余的，它在浪费我的时间。

后来我认识了一些人："物理达人秀"（Physikanten）团队！他们从另一个角度向我展示了物理学。30多年来，其实我一直没有公平地对待过这门自然科学。问题其实不在于物理学本身，而在于那些糟糕的营销。他们没有展现这门科学的真正魅力，多少年来，我们只看到了布满灰尘的物理教室和那些无聊的物理实验。有了"物理达人秀"的团队，物理突然有了一支一流的公关宣传队伍。物理本身没有改变，就像咖啡从未改变一样。

如同咖啡连锁店能在一夜之间掀起一轮新的炒作一般，Physikanten的实验秀也能在转眼之间让我对物理感到兴奋。那些物理实验令人叹为观止，实验既简单又巧妙。通过那些实验，我一下学到了很多东西。无论是观看还是参与，物理都突然变得非常有趣。

不予赘言，就把这本书留给你，相信每位读者都会很快体验到其中的乐趣和奥妙。物理不再无聊，让它引爆你的世界吧！

埃尔顿

目 录

地窖洗衣室的红酒泛滥——一切是如何开始的

当我看到地窖地板上的红色水洼时，我开始清晰地意识到，物理已经掌控了我的生活。在洗衣篮和装有冬季夹克的箱子之间，红酒，全是红酒，它们浸入了所有的裂缝里，甚至流进了冰箱底下。

"哎呀，"站在我面前的这个男人，我的梦中情人，正看着他手里的半瓶红酒和他拖鞋上的玻璃碎片，说道，"其实应该只有软木塞弹出来了才对。"

我们花了半个小时，用了整整 10 米的厨房纸巾，才把地板弄干净。而这还不包括冰箱底下，因为我们擦不到那儿。

"这到底是怎么回事？"我举起装满纸巾的大垃圾袋，质问道。

"你知道吗，假如你能轻轻地在墙上敲一下红酒瓶底，不需要开瓶器，软木塞自己就能从酒瓶中弹出来。"马库斯说。

"轻轻地？"我一边问，一边用绳子把滴着红酒的垃圾袋上的小洞扎起来。

"当然，"马库斯说，"可以更轻柔一些。"他拿起下一瓶红酒。

从那天晚上开始，再也没有什么能让我感到惊讶了。

装满果冻的浴缸，冰箱里的猪血……都是些什么东西。这就是嫁给物理工作者的下场。即使在大学里，马库斯也一直认为，课堂实验亟须重新梳理并以新的方式呈现。他和他的一个好朋友一起干起了这事儿。第一批可以在舞台上演示的实验是在车库里着手准备的。在此期间，过百万的观众在博览会、中小学校园和大学里，在节日庆祝的时候，在综艺节目上、公司里和电视上看到了"物理达人秀"的实验表演。不仅是对科学感兴趣的人，就连像我一样在学校里讨厌物理的人，也开始对物理充满热情。

熟人朋友们经常问我们："你们家总是这么好玩吗？"我们在家里是什么样的，从这本书里你无法知晓。书中故事里讲述的并不是我们真实的家庭生活。尽管我们知道生活是最好的故事，但如果有人能帮把手，它将会更加美好。

不过有一点可以说明一下：我和物理现在相处得很好，因为它带来了一些东西：以开放视角去观察世界，好奇心，对事物的感知力和深入思考的能力。孩子们通常能做到这一点，而成年人却不一定。即使你并不总是热爱物理，保持这种态度也是很有趣的。

此外，通过物理，你可以了解自己的极限。有时候有些东西效果并不好，例如，拿红酒瓶子敲墙来起软木塞。虽然它有时奏效，但这需要很多红酒，除非你有十足的心理准备收拾这些狼藉：一边在墙壁上敲红酒瓶，一边喝下那些因为实验失败砸破了的红酒。

吸尘器、吹风机和其他怪兽们

"我们的小宝贝已经又吵又闹了好几个小时，这让我们感到非常焦虑。可在下载了这个应用程序之后，不到5秒钟他就乖乖闭上了眼睛，睡着了。真不可思议！"

"自从有了这个应用程序，我就睡得像块石头。"

时下在网络的应用商店里，这款小应用非常热门，它叫作"吸尘器"。在下载、打开这个应用后，手机就会变得像吸尘器一样嗡嗡震动起来，伴随着这种噪声，小宝宝很快就能入睡。它甚至还在广告词中给自己打了保票："这世间的有些噪声，是如此让人觉得安心而又舒缓。只要一听到这些声音，我们就能放松下来。'吸尘器'小应用为您提供这种噪声。"毕竟，我们在妈妈的子宫里就一直能听到这种噪声。

也许是我在怀尤利娅的时候，没怎么用过吸尘器打扫卫生。那会儿，我们还是学生，每天只想着如何努力去通过期末考试，也许是我们的地板有点小问题。不论如何，小尤利娅一点儿都没觉得吸尘器的声音让人熟悉和安心，反而这声音倒更像是一个大怪兽发出的。同样，我们吹头发的时候她也不睡觉。也许在怀她的时候，我也不怎么注意自己的发型。我们常常试着在尤利娅有点要睡着的时候打扫，可这并不怎么奏效。吸尘器一响,她就闹了;吸尘器一关,她就安静了。

事实上,当她贴着我们的肚子时,倒是常常睡得非常香。在用吸尘器的时候,我们会把她高高地放进身前绑好的婴儿背带里,离那危险的吸尘器远一点儿,显然,这效果更好。她一睡就是几个小时,就像一个小暖炉依偎在我们的怀里。在我们的怀里她才会感觉到安全,感觉到被保护,不再害怕那些做家务时会用到的"怪兽"们。

就这样,我们一边做家务,一边必须得一直驮着差不多12公斤的重量。尤利娅一岁多的时候,大概就是这个体重。一岁多的她还只会在地板上爬一爬,或者勉强走几步。这样总驮着她,我的背就受不了,变得越来越紧绷。到后来,我就压根儿不想走路了。我和马库斯都觉得:"一定还有别的办法。"于是,我们想到了一个主意,送给尤利娅一个儿童吸尘器玩具。这样一来,她就可以在我们身边吸吸东西玩了。可没想到,那个红蓝色的小破玩具只会刮得地板刺刺直响。现在可好,两个吸尘器一开,吵闹声起;两个吸尘器一关,世界和平。

没想到,有一天,在马库斯用吸尘器打扫卫生的时候,奇迹发生了。尤利娅正坐在沙发的中间,马库斯一只手推着吸尘器吸地板上的灰尘,一只手把堆在房间中央碍事的玩具给收拾到一边。事实上,这房间是我们的客厅。在积木和思乐模型小马[1]之间放着一个气球,那是前一天我们

_____

[1] 思乐是德国的一个儿童玩具品牌,主要做一些仿真动物模型。——译者注(本书脚注若无特别说明,则均为作者注)

在逛超市的时候，相关人士做竞选宣传活动送的。

马库斯不知道该把气球放到哪里，因为气球太大了，架子上的空间不够，玩具箱里也放不下了。马库斯拿着气球，随手把它先放到了吸尘器的排风扇上。突然，气球被吹了起来，飘到空中，还旋转了几下，吸尘器到哪儿，气球就飘到哪儿。在沙发上的尤利娅突然不闹了。尤利娅爬下来，摇摇晃晃地走向气球，眼睛里闪着光。她兴高采烈地跟着吸尘器穿过客厅，看着吸尘器上被托着的气球。如果气球掉下来了，马库斯会再把它放回排风扇上。

终于，房间打扫干净了。马库斯关掉了吸尘器。气球落到了地板上。"那儿！"尤利娅指着吸尘器喊道。

马库斯又跑去浴室里打扫。

"哒——"

马库斯用吸尘器把鞋架吸了出来。

"哒——！"

从那天起，我们有了新规则：吸尘器开，吵闹声落！吸尘器关，吵闹声起。我们家干净得不得了。甚至就连吹风机也可以开了，只要在那上头飘着一个气球就行，只是似乎吹风机不能再用来吹头发了。

最近，尤利娅已经有了一个手机，不过她的手机里并没有那款"吸尘器"应用程序，尽管对大一点儿的孩子来说，那可能非常放松。在应用商店的评论里，有一个用户留言道："我今年14岁，特别喜欢这种声音。"而尤利娅则更喜欢玩一些其他的和物理原理相关的小游戏，比如用排风扇吹气球。当家庭作业太无聊时候，她会拧开她的圆珠笔，把笔芯从笔管里抽出来，然后仰起头，从笔管的一头吹气。然后，在另一头有气流的地方上放一个乒乓球。不过，我们总是能在书桌底下发现些小东西，不是本该在圆珠笔的两截中间纤细的银色塑料环，就是应该套在笔芯上的小弹簧。尤利娅总是忘记重新把这些零件装回圆珠笔。总之，不论是什么，我们都会直截了当地用吸尘器吸走它们。

实验：飘浮的乒乓球

在物理原理上，吸尘能用来做什么，物理学家自己一定能给你最好的解释。所以，当然，马库斯能知道得更多。[1]

如果你是一位初学者，你需要：

- 一个吹风机

- 1～2个乒乓球

如果想玩进一步的游戏，除了上述这些东西，你还需要：

- 若干个铁丝衣架。另外，衣架的一端应该能被固定

---

〔1〕 本书体例较为特别，故事部分由尤迪特·韦伯所写，实验部分则由马库斯·韦伯所写。后不再说明。——译者注

住。（例如，衣架可以挂在晾衣绳上或挂在横跨客厅的绳子上）。

如果你是一位进阶玩家，你需要准备：

- 一支可以拧开的圆珠笔和一个乒乓球
- 或一根可折弯的吸管和一个直径约 3 厘米的塑料泡沫球
- 或一个大功率的工业鼓风机和一个大水球

方法如下：

将吹风机朝上，挡位开到最大，吹冷风（如果你的吹风机没有冷风，暖风也适用于该实验）。吹风机套嘴顶部的形状越细长，效果越佳。如果你乐意，也可以用纸来制作一个可以循环使用的套嘴。套嘴需要形似锥形漏斗，一端需是细长的吸管状，另一端则开口较大。然后，将开口较大的一端粘在吹风机的风口上，这样空气就会从较小的那个开口流出。

请小心地将乒乓球放到气流中。如果你操作得当，乒乓球会浮在空中！然后，请小心地将吹风机向一侧倾斜，并尽可能长时间地让小球保持在倾斜气流中。这样，乒乓球会越飘越远，直到最后掉下来。

你可以自己为小球定义一个飘浮的途经路线！用绳子简单将衣架固定在晾衣绳上，将它们挂在天花板下。用吹风机在衣架下吹，使得乒乓球能从衣架中间"穿"过去。

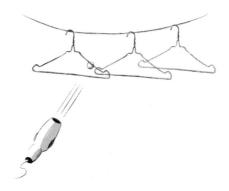

　　你也可以试试，看能否在气流中平衡两个球。虽然我只能维持几秒钟，不过说不定你比我更灵巧。

　　如果你的肺活量足够大，吹气时间足够长，也可以试试拧开一支能在中间分开的圆珠笔，取出圆珠笔里的所有东西，这样你就可以将笔头作为喷嘴。现在，后仰脑袋，用力吹气，试一试，是否能让乒乓球悬浮在这狭窄的气流上。

　　当然，如果你有一个塑料泡沫球，这也许比乒乓球更简单。你可以从手工用品商店买一个塑料泡沫球，用圆珠笔管作喷嘴，将它吹得比乒乓球更高。如果你有一根能折弯的塑料吸管，事情会变得更加容易。高手们可以用细铁丝做一个螺旋形的斗，套在塑料吸管上，吹气的时候，小球就会从球斗里飞出来，而不吹气的时候，小球又能落回这个斗里。

　　这背后的原理是什么?

　　有两件事情值得我们注意并仔细观察：一、小球可以稳定地飘浮在空中。二、如果气流倾斜，小球则会悬浮在离喷嘴更远一些的位置上。

让我们先来看看小球飘浮的原因。这种情况就好比它从各个角度被拉扯、挤压，可最终什么也没有发生。从物理的角度来说：在这里起作用的两种力，相互抵消了。重力（也称为引力）将小球向下拉，而吹风机中吹出的空气将小球向上推。这样一来，小球会悬浮在一个高度上，在这个高度上，向下的重力和向上的推力刚好能相互抵消。

如果吹风机倾斜一些，情况就会变得复杂一些。在倾斜的气流中，由于重力的作用，球会稍稍靠向地面的一侧。因此，气流在球上方流过的速度要比在球下方通过的速度快得多。

为什么球不会掉下来？在大多数书里，会用伯努利效应[1]来解释这个现象。大致来说就是，气流速度越快，压力越小。也就是说，当球上方的气流比球下方的气流快时，球下方的向上的压力较大。这个压力抵消了向下的重力，能使小球稳定停在气流中。

不幸的是，将伯努利原理应用在我们的吹风机吹小球的实验上并不正确。伯努利原理只适用于下述的情形：空气必须在一个狭窄且有限的空间当中流动，例如在管道里。而我们的吹风机实验并不满足这个条件。在吹风机和小球

_____

〔1〕 伯努利效应又称边界层表面效应，由瑞士流体物理学家丹尼尔·伯努利在 1726 年提出。——译者注

的周围充满了空气，房间里其他地方的空气很容易就能过来平衡掉这个压力差。

所以小球为什么没有掉下来呢？看来一定另有原因！如果你思考一下空气在经过小球侧面的时候发生了什么，从物理的角度来说，问题就会变得清晰很多。气体和液体有一种倾向，它们在流过一个曲面时，会随着这个弯曲的表面发生偏转。你可以找一把勺子来试一下，打开水龙头，让水柱流过勺子的背面。水柱会沿着勺子的边缘走一个弧形的路线，发生侧向偏转。这就是康达效应[1]。

与此同时，你似乎能感觉到，勺子会朝着水流的方向被吸引过去一点儿。牛顿（艾萨克·牛顿）早就发现，每一个力在产生的同时，都必然会随之产生一个相等的反作用力——作用力等于反作用力。勺子对水柱施加了一个力使其发生偏转，在这个过程中，也必然产生一个反作用力，即水柱也会对勺子产生一个吸引力，使其向自身靠近。

说到这里，让我们再来观察一下乒乓球周围的气流。同样，当我们将吹风机倾斜一个角度，乒乓球就会对气流产生一个力，使其发生偏转。同时，气流也会对乒乓球产生一个反作用力，在这个作用力下，乒乓球会被吸附在这个发生偏转的气流上。作用力等于反作用力。

---

〔1〕 康达效应，也可译为柯恩达效应，英文为 Coanda Effect，亦称附壁效应。——译者注

因此，我们得出了以下结论：在这里，并不像伯努利原理所描述的一般，快速流动的空气使得压力减小，让小球悬浮在斜向流动的气流中。这个功劳应当属于吹风机吹出的空气本身，它在通过小球表面的时候，发生了转向，这才使小球稳稳地悬浮在空中。

为什么小球在斜气流中会悬浮在离吹风机更远一些的位置？

现在让我们澄清第二个现象，也就是，在倾斜的气流中，小球离开吹风机的距离为什么更大？简而言之，在竖直向上的气流中，小球的重力和来自吹风机的推力相互平衡，两个力的作用相互抵消，小球会飘浮在一个点上，在这个点上，两个力完全相等。而在斜气流中，小球还会额外受到一个反作用力，是偏转的气流作用产生的，我将这个力称为康达力。由于康达力很大程度上能承受小球，所以吹风机的风只需要再额外提供一个较小的推力就可以使小球飘浮在空气中。从逻辑上讲，靠近吹风机位置的推力总是要稍大于远离吹风机位置的推力，因为远一些的地方气流会慢一些。达到一定的距离后，小球就能让自己恰好承受住所有的力了。

谁如果想知道得更精确一些，那就必须计算出一个点，在这个点的位置，推力、重力和康达力刚好可以相互抵消。这里数学就帮上我们忙了。如果用上数学的方法，矢量计算就能帮助我们处理这里的几个力：首先，箭头可以表示力，力可以被平行移动，使其能互相叠加。这样，你就能找出合力是如何作用的了。

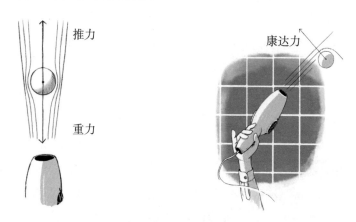

推力

重力

康达力

如下页图中所示，我们可以将作用于小球的推力平行向上移动，移动后，力的作用方向仍然相同。如果我们在连接小球的重心到推力平行移动后的终点上画一个箭头，来表示这个力，这个力的大小则正好和重力的大小相同，并且它刚好在重力的相反方向上！因此，这就是所有力互相平衡的点。这就是为什么球会飘浮在那里。

值得注意的是，当前情况下的推力的箭头长度会比空气在垂直流动的情况下更短。必须如此！因为，如果推力过大，那它就不能与其他的力互相平衡，小球将会加速离开吹风机。稳定状态只能存在于推力较小的地方，即离吹风机较远的地方，也就是空气流速较慢的地方。

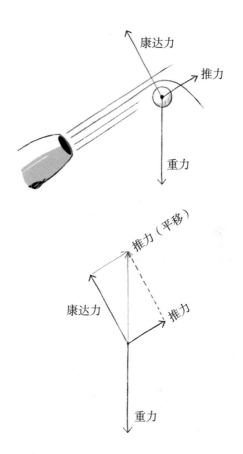

火箭派对

一个有一百个人的大聚会？还得提供餐食和饮料？

"乐意之至！"餐厅老板高兴地说，"我们有一个非常适合的房间。热烈欢迎。"

"谢谢！"马库斯说，"我们可能会有六十个大人和四十个小孩。"

餐厅老板的嘴似乎被重力拉了下来。"四十个孩子！这可不行，太闹腾了。"

很多人说，德国需要更多孩子，不过大家想要的是安静的孩子，待在家里头的孩子，而不是，嗯，聚会里的孩子。如果把这次家庭聚会当作正常的"家庭聚会"来安排，那你可以毫无压力，随意挑选，因为当地许多餐厅都提供这样的服务。

终于，我们找到了一个完美的地方。这个餐厅开在一片小树林里，餐厅的门口有一个诱人的大水池供人玩耍。在这里，餐厅的大厨实现了很多人的梦想，所有菜品都是厨师亲自制作，所用的食材都是当地新鲜特供。厨师是一个身材高大、留着黑色小胡子、声音低沉的人。看他胸前的围裙，还有些污渍，我想这要不就是当地的黑莓酱汁，要不就是什么当地的其他动物给弄上的。看到他的菜单后，我们连连点头，对他的建议充满了敬畏：牛柳，经 48 小时烹煮，野菜拌土豆，配黑莓酱。

露西插进来问了一句："能加上薯条吗？"

大厨耸耸肩，强颜欢笑，说道："我们可以用红薯做薯条，用自己采收的香辛料和盐做调味。好，我会记下来的。"他慢慢起身去拿笔。

红薯听起来不错，香辛料和盐也不赖，现在露西要和这带大水池的好玩地方说再见了。正要出门的时候，不知道她把一个什么黄色的东西掉在了椅子上，好像还是大厨刚坐着的那把椅子。然后，大厨回来了，坐了上去，那儿发出了一种奇怪的响声。嗯？难道是大厨吃了太多酸菜？这个大个子愣住了，他抬起半个身子，从身下拿出一个黄色的东西，然后高高举了起来。是一个搞怪放屁袋，我们的小女儿最喜欢的玩具。这是她的教父送给她的。她的教父是一位马拉松运动员，有着一颗金子般的心，还很喜欢怀念自己的童年。几个星期前，这个搞怪放屁袋就一直轮换出现在我们的椅子上，不过谁也没有上她的当。

可大厨却上当了，他举起放屁袋，声音平静得可怕："你刚才说，你要带多少孩子来参加聚会来着？"

"大概四十个吧。"我说。

大厨把放屁袋压得像纸巾一样平——长长的一声放屁声。他用拳头再压了一下，这下放屁袋不再发出怪声了。噗，现在只有空气漏出来了。我们终于可以走了。

家里的气氛冷得如同地窖。露西正为她失去了搞怪放屁袋而难过，放屁袋漏出的空气就如一声叹息。我们找餐厅的事儿也成了一声叹息。一次聚会这么多孩子参加，太混乱怎么办？其间他们能做些什么？或许我们可以迟一点再庆祝。多等一段时间，等他们都长大了再说。

剩下最后一个机会，我们找到了一栋有点陈旧的老房子。在那里，社区委员会曾组织过一个"宾果之夜"活动。那里有个小花园，有一位八十四五岁的社区管理员正在和他的朋友们玩骰子。谁输了，谁就得喝烧酒。社区管理员今天掷骰子的手气不是很好，不过他的心情很不错。四十个孩子，不成问题，七十年代的橙棕色窗帘，只能忍了。我们毫不犹豫地立马签了字。

现在剩下的问题是，四十个年龄在 2 岁到 16 岁之间的孩子，他们整晚能做什么呢？我们的孩子能有一百个鬼主意：化妆间、足球球门、自己调酒的鸡尾酒吧。

露西提议说："每人一个放屁袋，噗，就像这样。"当然，这建议不予采纳。

马克西米利安若有所思地看着这个黄色袋子，然后说道："空气火箭可能会是搞派对不错的选择！"

"对，"马库斯说，"纸火箭。每个人都会喜欢，而且这不费什么事儿。"

简而言之：这将是一场狂欢。大人们可以在室内庆祝，四十个孩子（和一些大人）可以在室外的小花园里发射纸火箭。

在一张啤酒桌上，我们开始做纸火箭。拿一些标准的A4纸，把它们卷起来并粘好。拿两个热水袋作发射装置，在热水袋的开口处连接一根管子，管口朝上，然后将做好的纸火箭套在管子上。

"3—2—1！"第一个挑战的人，整个人跳到了热水袋上，火箭咻地一声飞了出去。火箭飞到了一棵栗子树底下，越过树枝，直到将近15米高的地方才停了下来，然后又掉回到花园里。在接下来的几个小时里，火箭接二连三地发射着。大家热切讨论着有什么新招数：比如，如何在火箭筒侧面找到最好的尾翼位置，从哪个角度跳上热水袋。

直到天黑，人们才从发射台周围渐渐散去。天色有点儿晚了，我们开始在周围挂上一些发光的气球，白色的气球里头有一些小小的发光二极管，有点好看，又特别浪漫。正想着，忽然花园里传来"嘣嘣"的声音。我们的浪漫气球似乎爆炸了！我们惊慌失措地跑去门口，看到孩子们正手里拿着剪刀，在刺气球。他们在取气球里的发光二极管，取出来的发光二极管被他们用胶带粘在了火箭的顶上。然后，他们又来到了火箭发射台。发光的火箭一个接着一个地升空了，在昏暗的天空中勾勒出异常优美的曲线，有一些还熠熠生辉地点缀着大栗子树。不知怎么的，似乎也很浪漫。

实验：纸火箭

纸火箭的制作过程非常简单，不过飞行效果极佳！

你需要：

- 一些标准纸张
- 剪刀
- 胶带
- 40 厘米长的硬质安装管材，直径约 2 厘米（比如一般用于保护电缆的塑料管，随手在建材商店都可以买到），这个管子需被套在纸火箭上，作为发射管
- 小锯子
- 小刀或细磨砂纸

如果你想做一个真正的发射台（不做也可以），你需要：

- 1 米长的硬质安装管材，直径约 2 厘米。这根管子用来连接发射管和储气瓶
- 连接安装管的直角弯头
- 一次性 PET 瓶，容积 1.5 升
- 木板，尺寸约 20 厘米 ×20 厘米
- 坚固的胶带，例如用于包装的胶带

方法如下：

火箭筒

取一根 40 厘米长的管子，将纸的长边沿着管子卷起来。不要卷得太紧，否则一会儿就不能很好地拿出来了。将卷好的纸粘好。

堵上纸筒的一端，非常简单，可以用胶带把一端封起来，也可以用个小纸帽将其盖起来。重要的是，封口要比较严密，防止空气漏出来。

现在你就可以试一试纸火箭了。把它放在安装管上，然后用力向里面吹气！如果你没有把火箭做得太窄或太宽，它就能轻松飞出去。

但是飞不了多远距离，纸火箭就会开始晃悠。我们需要制作尾翼！

剪下三条小纸条，粘在火箭筒的底端侧面作为尾翼。再来试一试，你一定会很兴奋！只要气流足够大，一定能飞 20 米！

发射台

如果可以制作一个脚踏板式发射台，那一定会更加有趣。找一个一次性的 PET 材质的塑料瓶作为储气罐吧！

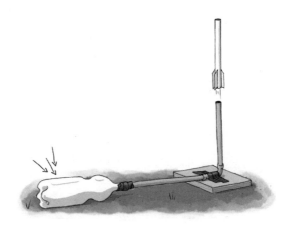

将瓶口连接到约 1 米长的安装管的一端（要用胶带将其固定完好）。

现在用直角弯头将另一端和 40 厘米长的、之前用来卷火箭筒的管子连接在一起。将弯头的底部粘在木板上，以防止发射台翻倒。

现在，只要将火箭筒插上发射管，然后稳稳地跳到瓶子上，完美！在每一次发射之前，可能需要让瓶子充满气，重新还原成圆形，瓶子中需要有足够的空气。你也可以考虑从上面的发射管吹气，这很容易操作。

这背后的原理是什么？

值得注意的是，在这个实验中，我们发现尾翼装置能很好地稳定轻型火箭。为什么没有它们就不行呢？毕竟，现代火箭从外部观察时，也是圆柱形的，它可以很笔直地飞行。

大型火箭有一个内置的动力推动系统，这是我们的纸火箭所没有的。该系统可以加速火箭，使其极其精确地前进。如果火箭略微偏离飞行轨道，它可以细微改变推力的方向来加以修正，而我们的纸火箭无法实现这个过程。如果纸火箭在飞行过程中稍有横向偏离，筒身周围的空气就会对火箭产生侧向压力，这时就产生了扭矩。因为纸火箭本身很轻，它没有足够的能力与之对抗。

此外，火箭顶端的气流走向也不同于火箭末端的气流走向。如此一来，火箭会更进一步侧倾，并由此开始摇摆。

只有尾翼可以解决这个问题。尾翼安得越靠近火箭筒底部，效果越明显。带尾翼的纸火箭起飞时，一旦火箭与其飞行方向发生横向偏离，掠过的气流在经过筒身后就会遇到火箭尾部的尾翼，这里的作用面积很大，会使火箭的尾部被推回到火箭顶部的下方，这样一来，火箭也就很好地对准了前方。玩转一个小纸筒，你就可以在邻里之间获得加分项了。

狂欢节上的麻瓜们——自制魔法棒

终于，孩子们的生日派对结束了，我们把最后一个孩子送出家门，精疲力竭地靠在门上。现在还是二月初，是外头刮风下雪的季节，派对只能在室内举行。我们的耳朵里响着"噼——"的声音，就像刚从迪斯科舞厅出来一样。他们可以一边敲着锅，一边假装自己在舞厅乱舞乱蹦，一边又假装自己去了耶路撒冷，这就是我们用老式方法在家里给孩子们过生日的代价。现在，我们手里拿着啤酒，窝在沙发里，看着餐桌。即使餐桌下面还有几块蛋糕大战的残骸，看起来就像是松饼被直接碾碎在地板上一样，我们也不想动弹。

我刚睡着，露西的声音就把我吵醒了。

"妈妈，狂欢节我要扮成什么？"

"我不知道。"我喃喃地说。狂欢节，在最令人讨厌的节日名单中排名第二，仅次于万圣节。也可能是太不巧了，狂欢节的时间总是紧挨着圣诞节的庆祝、新年的庆祝和三个孩子的生日庆祝。狂欢节，意味着得去买一些孩子们只穿一次就不穿的衣服。狂欢节，意味着一大袋没人爱吃的廉价糖果。狂欢节糟透了。

我睁开眼睛，看着露西，从她的眼神中，我知道她已经知道自己想装扮成什么了。

"我要扮哈利·波特!"她宣布说。

"太好了!"我偷摸乐了一下。哈利·波特听起来是个可行的方案:给她找一件深色的斗篷,额头上的闪电疤痕可以用眼影轻松搞定,再找一根小棍子当魔法棒,完成。

"可我想要一些东西,看起来像变真正的魔术。"。

"地下室里还有一个魔法箱。那里面有个塑料花瓶,魔法箱有两个箱底。"

"哈利·波特可不会用什么塑料花瓶变魔术!"露西气恼地说,"他的魔法棒可以让东西飘起来,或者发光!"

"嗯——"我咕哝着。

"我能上网搜一下吗?那儿肯定有教怎么模仿哈利·波特用魔法棒的!"

她当然可以上网搜。这意味着我们可以趁机打个15分钟的盹儿,然后我们就又得继续考虑狂欢节怎么办了。

不一会儿,从打印机那儿传来的开始吐纸的声音把我吵醒了。一页接着一页,全是《哈利·波特》里的魔法和咒语,标题是"生活日常魔法"。

我勾选了一些我觉得比较可行的咒语:例如,"轻如鸿毛"咒,能把面前的脏衣服送到地下室的洗衣机里。"防水防湿"咒,能防止眼镜起雾。我看了一眼我的亲爱的,然后勾上了"魅力增发"咒,这是一个让头发浓密的咒语。

"你该怎么做到呢?"我问露西,她还一直盯着屏幕。

她喃喃地说:"上面没写。"

我们找到了一家网店,在卖一根塑料魔法棒,魔法棒的头上还带着一个荧光灯:49欧元。带遥控器的,则59欧元。

露西建议说:"我可以把小猫带上。"

我说:"或者你也可以带上重口味的甘草糖,分给小伙伴们,让他们恶心一下。"

露西一点儿都没觉得这好笑。"妈妈,你一点儿都不了解狂欢节。"

确实如此。我只想让孩子们在狂欢节玩得开心,但我不想花太多钱,也不打算做什么费事儿的东西。

"但我知道谁更了解狂欢节一些,"我说,"索菲娅和京特!"

我们的义祖父母有很多我们没有的东西:时间,做手工的好手艺,和一颗爱狂欢节的心。他们会去参加"办公会",并且总是打扮得漂漂亮亮,每年到这个时候,如果你给他们打电话,他们都会热情地接电话说"哈啰"!总之,如果有人愿意考虑带上一些真正的魔术,那一定是索菲娅和京特!

确实如此。索菲娅知道后,兴奋地说:"太棒了!"并决定邀请露西下周六去她家做客。

那天晚上我们去接女儿时,我们都认不出她了。她的鼻子上架着一副眼镜,就像电影里的一样,用胶带打着补丁，额头上的伤疤逼真到看起来很吓人，还有那长长的斗篷一直垂到地上。

"羽加迪姆，勒维奥萨！"[1]露西一手挥舞着一根带木头柄的看起来像短塑料棒的东西，对我们喊着，另一只手把一个水母状的透明薄膜抛向空中。这东西在空中不停翻转。露西用小棒子擦了擦薄膜水母，然后挥了挥手臂，水母向我们飘过来了。

我们惊讶得张大了嘴巴。

露西让薄膜在空中足足停留了几秒钟，然后熟练地将它挥向马库斯。"不许动！"她发号施令道，然后薄膜粘在了马库斯的额头上。"京特为我做的。"露西特别高兴地告诉我们。

谁发明了悬浮棒，谁就只能在家里的车库里度过狂欢节前的周末了，因为所有的孩子都想要一根这样的魔法棒。露西可不想做邪恶的"露西马尔福"，她不想以坏蛋的身份去参加狂欢节，她更喜欢令人高兴的哈利·波特，她要以这个身份去参加庆祝。直到下个万圣节，在我们给三个孩子缠上弹性绷带，让他们扮成木乃伊在小区里走来走去，收集没人喜欢的廉价糖果之前，我们这些不喜欢狂欢节庆祝的父母终于能消停了。

---

[1] 羽加迪姆，勒维奥萨: 英文为 Wingardium Leviosa，在哈利·波特魔法里，是一个能使东西轻轻飞起来的咒语。——译者注

实验：飘浮的塑料袋

这是一个投入产出比极佳的实验，几乎不费吹灰之力你就可以表演一个"魔法"。

你需要：

- 一根浅灰色硬质安装管，直径约 20 ~ 30 毫米。每家建材商店都有售，一般用于在水泥上铺设电线
- 一个由 HDPE（高密度聚乙烯）制成的垃圾袋。可以是极其普通的白色透明薄塑料袋，也可以用超市里免费提供的自助打包水果的塑料袋
- 一张厨房纸巾
- 一把锯子
- 一把锋利的削皮刀或切片刀

可能还需要（但不是必需的）：

- 一根树枝、一个手电钻和一个大钻头
- 一个气球

方法如下：

魔法棒

锯一段大约 50 厘米长的安装管，用小刀去掉在锯过的地方留下的毛刺。

从垃圾袋上剪下一个四方形，再在上面划几条平行的缝。

将这个塑料四方形平整地铺在桌子上，用厨房纸巾在上面用力地擦几次，注意始终朝一个方向！现在袋子带电了，不要再用手碰它，否则会使电荷溜走。

现在给塑料棒充电：将它拿在手里，用厨房纸巾使劲地摩擦它，可以朝两个方向摩擦。如果你听到有轻微的噼啪声，就说明你做对了，因为这代表棒子上已经有了高电压。有一个重要提示：摩擦的时候，手不能接触塑料棒，而只能接触厨房纸巾。否则，刚跑上去的电荷会从棒子上溜走。

现在到了关键时刻：用两根手指从桌子上拿起塑料膜，然后用力将其抛向空中，将塑料棒放在它下面。就像变魔法一样，塑料片现在飘浮起来了，而且你可以用塑料棒控制它！

为了让一切看起来更加自如，你需要多练习几次。有时候，袋子会飞向一个障碍物，例如家具，或者也可能飞向你，然后悬停在那里。没有关系。用厨房纸巾给魔杖和塑料膜重新充电，然后再来一次！

做一个更漂亮的狂欢节魔法棒

如果你还想让你的魔法棒看起来更漂亮一些，例如让它看起来更适用于狂欢节，那你可以给它加装一个手柄。之前京特的发明就十分优雅：找一根约 10 厘米长，4～5 厘米粗的树枝，在一端钻出一个适合的孔，插入塑料棒，就大功告成了！

为懒人和朋友们准备的惊喜版本

不使用安装管，用气球替代，这个实验也可以成功。最好是用那种魔术长条气球（你知道的，扭几下这种长条气球就可以做一只贵宾犬）。你可以用厨房纸巾给气球充电，用来替代魔术棒。

令人惊讶的是，使用气球替代魔法棒，虽然通常有效，但并非总是有效。有猜测，在 100 次尝试中会有 5 次气球在被摩擦时会自发地反向带电。它和塑料薄膜不再互相排斥，而是会互相吸在一起。如果出现这种情况，请再用厨房纸巾充一次电，这一次很可能会成功。为什么在气球上充电就如此奇怪？下面让我为你解释一下。

这背后的原理是什么？

大家都会马上想到：摩擦起电！或者，用专业一点的说法，是特里波电，也就是摩擦静电，因为特里波"tribein"在希腊语中是"摩擦"的意思。不过，你不需要非常精确地记住这个专业术语。因为严格来说，我们这里需要了解的是"接触电"。当你将不同的物体互相摩擦时，物体的表面会被非常紧密地压在一起，材料彼此会有大量接触。如果是厨房纸巾和塑料膜，你必须用力摩擦，才能生电，而如果是其他材料，有时轻轻擦几下也足以生电。

在我们的魔法棒上发生了什么呢？请允许我事先声明研究静电现象的独家秘籍：一个材料能带多强的电，取决于很多因素：空气的湿度、周围的温度、接触的强度、材料表面的状况，也可能和研究人员晚上有没有睡好有关。简而言之，这当中有很多不为人知的"法术"。

根本原理：原子是构成物质的基本粒子之一，而原子有一个带正电荷的原子核。正如我们在学校所学的那样，带负电荷的电子围绕在原子核周围运动。然而，严格说来，这些运动是人们无法精确观察到的。这就是为什么物理学家更愿意将其称作电荷云。在正常状态下，正负电荷相互平衡，所以任何材料通常都是中性的，即它们不带电。

如果一种材料通过摩擦向另一种物质释放电子，此时其原子核的正电荷占据了主导地位，则该物质带正电。同时，接受电子的另一种材料则带负电荷，因为它现在拥有过多的电子。

各种材料失去电子的方式各不相同。科学家根据材料是否愿意放弃自己的电子来定义材料的一种属性，他们称这种属性为电子亲和力。根据不同材料的电子亲和力，可以对其进行分类，由此产生的先后顺序被称为"摩擦静电序列表"[1]。在这个序列表的正轴上，是那些喜欢放弃电子从而带正电的材料。在序列表的负轴上，是那些电子特别乐意附着，并倾向于得到更多电子的材料，它们往往带负电。

以下是摩擦静电序列表的概况（在我们的实验中涉及的材料在这里用粗体标出）：

正轴→负轴：人的手／石棉／兔毛／玻璃／云母石／人的头发／尼龙／羊毛／毛皮／铅／丝绸／铝／**纸**／棉花／钢／木头／琥珀／封蜡／硬橡胶／镍、铜／黄铜、锌、银／金、铂／硫／醋酸纤维／聚酯材料／聚氨酯材料／聚苯乙烯材料／**聚乙烯材料**／聚丙烯材料／**聚氯乙烯材料**／乳胶／硅／特氟龙。

我们的塑料薄膜（材料为聚乙烯）和安装管（材料为聚氯乙烯）在纸（即厨房纸巾）的右边。因此，塑料膜和塑料棒就喜欢吸收电子，而厨房纸巾则更喜欢释放电子。所以，如果我们用厨房纸巾摩擦塑料膜和塑料棒，电子就会从厨房纸巾转移到塑料膜和塑料棒上，现在它们两个都

---

[1]　摩擦静电序列表：有时也称为摩擦带电序列表。——译者注

带负电了。太好了，就是如此！同性的电荷会相互排斥，因此我们可以用带负电荷的塑料棒使带负电荷的塑料薄膜飘浮在空中。

想使实验成功，还必须注意一个细节。做静电实验的材料必须不能导电。等一下，难道这不自相矛盾吗？带电又不能导电？不，完全不矛盾！摩擦时，电子从厨房纸巾转移到塑料棒上。因为塑料棒不导电，所以电子能够完全停留在塑料棒的表面，无法离开。如果棒子是导电的，实验就会失败：由于摩擦，实际上有过多的电子转移到了棒子上。这些电子相互排斥，它们总希望能尽可能地远离对方。在理想情况下，它们总是希望流出塑料棒，但不会成功，因为塑料棒不导电。

因为塑料棒不导电，所以电子被迫留在原地，除非塑料棒接触任何导电的东西，比如你的手。人的身体至少有 2/3 是由水组成，并且水中还含有大量的盐分，因此是非常容易导电的。人体在一般情况下是电中性的，如果你没穿橡胶靴或鞋底不导电的鞋子，你身体上多余的电荷就会直接流向大地。因此，有时你在碰门把手的时候或者在打开车门的时候，会被电一下。

让我们回到魔法棒：如果你用手来回摩擦带电的魔法棒，电子就会趁机离开魔法棒。因此，最好只接触魔法棒的底部——你没有摩擦过的地方。当然，更好的方法是，给魔法棒装上一个手柄！

厨房纸巾的导电性很弱，但它确实有一点儿导电性。幸运的是，在摩擦时，从我们能导电的身体上，它永远能悄悄地获得少量电子，并将其传递给魔法棒。如果厨房纸巾完全不导电，那么无论我们如何用力摩擦它，到了一定时候，我们就再也无法用它给魔法棒充电了。

无法预测的气球实验

那么，为什么用气球做静电实验，有时候会出人意料呢？老实说，我也不知道！在我和几位材料静电领域的专家交流之后，我发现这是我们共同的疑惑。

终于，我找到了一篇富有启发性的论文，论文专门论述和归纳了摩擦静电序列表的一些规律。作者认为，这个顺序里有许多自相矛盾的地方，并且在重复实验时，结果并不总是相同。

举个例子：在一次实验中，特氟龙球在一个用聚丙烯材料做的托盘中滚动了差不多一分钟。不出所料，特氟龙球带上了负电，盘子带了正电。但当球再滚动一段时间后，电荷发生了逆转！这与摩擦静电序列表形成了鲜明的矛盾。但无论如何，它发生了。

我们从中学到了什么？乳胶气球的奇怪反应也是静电学的自相矛盾的现象之一。而就我们对气球静电实验的了解，绝对处于目前所有科学已知范围的最前沿！所以，亲爱的广大读者们，如果你知道为什么气球有时带正电，有时带负电，请与我们联系。不仅是我们，整个科学界都将对你感激不尽。

可选实验：气球芭蕾

在感叹静电问题的同时，我们也不能忘记再做一些实验。下面是另一个令人吃惊的实验！

你需要：

• 两个气球

• 一张厨房纸巾

• 2米纱线

• 胶带

• 一个打火机

吹起两个气球，然后将吹气口绑紧，分别系在纱线的两端。将线的中心粘在天花板上，这样气球挂下来后，就会在同一高度并能相互碰触。拿厨房纸巾尽可能大面积地摩擦两个气球，使气球带上电荷。现在，悬挂在天花板上的两个气球应该会相互排斥。点着打火机，把它放在离开两个气球中间位置大约半米的地方。请观察，一小会儿之后，两个气球应该会相互靠近并再次触碰。

这背后的原理是什么？

打火机产生的火焰中心温度可以高达 1400℃。参与燃烧过程的物质（包括蜡、氧气、二氧化碳和水蒸气）在这么高的温度下，不仅有气体状态，也有等离子体状态。

在等离子体中，分子和原子快速移动，以至电子会从原子或分子中释放出来。剩下的残余原子和分子，我们称它们为离子。离子带有电荷，通常是正电荷，因为它们中的大部分至少缺少一个电子。

现在，打火机火焰中的等离子体在燃烧的过程中不断地进入气球之间的电场，带正电的离子就会流向带负电的气球表面。慢慢地，正电荷中和了负电荷，气球表面又重新恢复中性。于是两个气球便会慢慢靠近对方，直到再次接触。

奶酪提重器

从事与物理相关工作的一大乐事就是可以把食物当作玩具。比如可以站人的超大果冻、猪血冰淇淋、超级吸水材料做的可乐布丁，没啥玩不了的。不过，孩子是被禁止玩食物的，即便是物理学家的孩子也不例外。直到有一天他们有了自己"酿酒"的想法。

"为啥小孩不能喝啤酒呢？"吃晚饭的时候，露西提了一个问题。

马库斯解释说，啤酒中有酒精呀，小孩喝酒精会生病。

"可我太喜欢啤酒了！"露西说。

她确实喜欢啤酒。前不久我们让露西尝了尝啤酒的泡沫，谁知她觉得泡沫好吃极了，吓得我们赶紧把酒杯从她那儿拿走。

今天，露西有一位朋友来访，是她的邻居山姆。晚上山姆留下来吃了晚饭。在自个儿父母嘴里，山姆只是"比较活泼"，可在别人眼里，山姆是个不安分的小家伙。这会儿他正坐在餐桌旁，用他油腻腻的手指乱戳着一块用独立薄膜包着的片装奶酪[1]。这种奶酪是最令人讨厌的东西

---

[1] 文中提到的奶酪是一种极易变形的奶酪，且稍稍加热后就会快速熔化，冷却后又会马上凝固。——译者注

之一，因为它极易熔化，可在孩子们这里却深受欢迎。孩子们如果乖乖吃完面包，他们就能尽情享受一片奶酪，可惜只有一片。"可怜的一片奶酪"，他们给饭后的奶酪取了个名字。

今天，山姆在他的小餐板上放了一片奶酪，他开始切这片奶酪：先将它切成棋盘格大小的方块，接着越切越小……直到可以把它们直接抹在板子上。"酒！"他大喊一声。"我酿成了酒！""我要吃酒了！"山姆一边喊着，一边用他的小刀从板子上刮下那些黏黏的不成形的"奶酪泥"。

这真是个巨大的成功！"我也要酿酒！"露西跟着兴奋起来，她如法炮制。短短几分钟，他俩的小餐板上就涂满了看起来黏黏的、油油的、橡皮泥状的黄色"酒精"。他们不停地切啊切，直到没法再下刀为止。接着，山姆便会煞有介事地宣布："现在，让我们来吃酒吧！"

马库斯知道山姆在期待什么。"哦，坚决不行！"他赶忙大声说，"酒，小孩不能吃！"

山姆没有理会马库斯的话，反而更得意地把刀上的奶酪塞进自己嘴里。

从那以后，每晚孩子们都要"酿酒""吃酒"。即使山姆不在。

"不，小孩儿不能喝酒！"我们提醒着，尽量尽一些家长的责任。

"不，就要！"露西喊道，然后她和山姆一样得意地把奶酪从板子上刮下来吃干净。

一天晚上，不知怎么马库斯竟也加入了他们的行列，他似乎想到了奶酪的新玩法。他拆开一片奶酪，接着又一片。

"爸爸拿了两片奶酪！"露西喊道，"那我也要两片！"

实际上，马库斯一共开封了整整8片奶酪。他拿出8片奶酪，将它们平铺在一块大砧板上，现在砧板成了一片黄色的奶酪田。

"爸爸，你也要酿酒吗？酿很多很多酒吗？"露西兴奋地问道。

爸爸没有计划"做酒"，爸爸要玩一个比"酿酒"更疯狂的"游戏"。马库斯找来一张报纸，揉成一团，放到奶酪田的中央，用火点燃。紧接着，他用手中的锅盖迅速朝火焰盖去。火熄灭了，空气中弥漫着一股奶酪的焦香味。

"一定很好吃。"我附和道。

我的丈夫得意起来，"开盖试试！"

我对这事儿可没有那么大的兴致。我试了一下，锅盖打不开。奇怪，我尝试用更大的力气，可还是打不开。我可不喜欢陷在奶酪里的锅盖。即便我用尽全力再试了一次，锅盖还是打不开，纹丝不动。这下可把我的丈夫高兴坏了。

"不觉得这东西酷呆了吗，它牢固得一定能提起来一个人！谁想试试挂在上面？"

"我，我！"孩子大喊道，然后挨着个儿，只要他们能牢牢抓住砧板，便被马库斯用锅盖提了起来。

我默默地转去收拾桌子，然后从厨房采购清单里划掉了片装奶酪。

实验：锅盖真空器

你需要：

- 一包切片奶酪
- 一个锅盖，最好锅盖上没有孔，边缘平整。有些锅盖有孔，用来排出蒸汽，如果用胶带将孔封住，也可以使用这种锅盖
- 一些纸（如报纸）
- 一块硬纸板
- 打火机或火柴
- 铝箔纸
- 一块塑料砧板或其他光滑的表面（如蛋糕盘）

方法如下：

将奶酪片切成两半，将它们在砧板上铺成一个圆圈，让它们之间稍微互相重叠。奶酪圈必须和锅盖的外沿差不多大，这样可以将锅盖盖在上面。在锅盖的边缘处，还需要适当露出一些奶酪，这样奶酪才可以起到密封的作用。

剪出一块硬纸板，使它大致能贴合地放在奶酪圈内。纸板用来保护砧板不受燃火生热的影响。然后在硬纸板上面放一片铝箔，将铝箔边缘向上折叠，这样做也是为了保护砧板不受火的影响。

将一页报纸揉成一团，放在铝箔纸上。点燃报纸，等到报纸燃烧起来后，勇敢地用锅盖盖住火，闷住它，用力将盖子压在奶酪上！这样才能使边缘真正密封。等待几秒钟，就可以松手了。盖子会紧紧地固定在砧板，如果不用力，就无法再把它们分开，尤其是当它冷却下来后。

这背后的原理是什么？

像这样的事情到处都是，气压作怪！我们用盖子阻隔了报纸燃烧需要的氧气，燃烧所产生的高温气体在盖子下面会冷却下来。在冷却的过程中，气体的体积会减小。这样一来，盖子下的空气的压力也随之降低。

我们在做实验的过程当中，找了一个气压压力计拧在锅盖上（我们已经不用它做饭了）。可以检测到，压力下降了约1/3，即从大约1000毫巴的环境压下降到了700 ~ 800毫巴。而在盖子上面，还是被正常的大气压一直压着。这就是为什么盖子没法被掀开的原因。

大气真的有这么大力气吗？

要估算空气压在盖子上的压力，你必须了解压强的真正含义：压强是作用在单位面积上的力。气压指的是压在地面上的空气的重力。

我们的实验中，锅盖上的气压相当于 10 吨重的空气压在 1 平方米地面上，这就是 1000 毫巴（毫巴的缩写为 mbar），大约相当于 7 辆普通汽车的重量！

如果气压下降 200 毫巴，就意味着 1 平方米上的重量减少了 2 吨。锅盖的大小当然没有 1 平方米，所以作用在它上面的力也要小一些，但这仍然足够了，一个直径为 26 厘米的普通锅盖的面积约为 1 平方米的 1/20。这意味着作用在锅盖上的力是 2 吨的 1/20，也就是 100 千克！100 千克的力将锅盖压在砧板上。因此，现在如果你想把它拉开，就必须能拿起约 100 公斤的东西。

从理论上讲，我们还可以尝试另一个实验：如果你把奶酪放在锅盖的边沿上，然后将它朝着房间的天花板"开火"，只要盖子足够坚固，上次实验剩下的奶酪还没有被吃掉的话，你就可以把自己挂在天花板下了。不行的话，那就用更大一点的锅盖，一定没问题！

我们在德国广播公司的电视节目《谁知道像这样的 XXL》上也做过类似的实验：我们将一个锅盖翻过来，在它的边沿上放了奶酪，然后在上面烧了一张报纸，接着我们把第二个锅盖压在了上面。借助奶酪和锅盖的力量，我们用从演播室天花板上挂下来的悬挂装置和一根吊带，把埃尔顿吊到了空中，让他飘在了舞台上空。

做这个实验，需要将盖子完完全全恰好压入奶酪，这非常重要。我们做第一次实验的时候，两个盖子并没有完全盖在一起，当整个装置稍有点歪的时候，奶酪和埃尔顿就都掉了下来。而第二次，一切就顺利多了，节目的嘉宾，一位电视节目中的大主厨，甚至还对我们的奶酪大加赞赏！

现在，最重要的事情来了！如何打开锅盖？我猜，你是正在想这个问题吧，下面的方法你可以试试：你可以一直等到奶酪腐烂，然后空气就能从外面进入锅盖内。稍微快一点的方法也许是，用火焰喷枪来加热锅盖，让锅盖下的气压回升。不过，现实里，你们可能更喜欢用小刀吧，轻轻一点点撬开锅盖边沿，噗噗噗……

上帝不掷骰子——赌桌上的惨败

"踢足球是一个简单的游戏：22个人追一个球，90分钟的时间，最后总是德国人获胜。"英国足球运动员加里·莱因克尔（Gary Lineker）说。

比赛记忆力也是一个简单的游戏：三个孩子玩翻牌的游戏，最后总是尤利娅赢。真的，总是如此，每次都是她赢，而她的小妹妹露西却不像英国职业足球运动员那样，能坦然接受这个事实。"这不公平！"露西抱怨说，"为什么我总赢不了？"

作为三个手足当中最小的一个其实并不容易。不论她去什么地方，别人都比她先去过那些地方了。所以，露西现在的目标是打破记忆力比赛总是输的魔咒。妈妈有时会试图安慰露西："你姐姐毕竟比你大得多。"但这并没有效果。露西还会反咬一口说："妈妈比姐姐更大，可妈妈的记忆力反而比姐姐更差。"这的确是事实。

出乎意料的是，她的一位朋友伸出了援手。这位朋友正在为一个以"大脑"为研究对象的主题广播节目做调查工作，所以她把孩子们带到了一位大脑研究员那里。在那里，孩子们可以提出他们能想到的所有问题。比如"为什么学单词这么无聊？"露西提出了现在她觉得最重要的问题："我怎样才能打败我的姐姐，比她有更好的记忆力？"

一次学习能力的诊断让事情清楚起来，结果很遗憾，露西可能完全没有机会。诊断显示，姐姐的视觉学习能力很强，她能很快记住她看到的东西。而妹妹则是听觉学习能力很强，她能记住她听到的东西。可惜卡牌不会说话。

于是大脑研究员告诉露西一个窍门："你必须大声说出你看到的东西。"

于是从那时候起，厨房里就会传出一连串的"记忆"学习，听起来仿佛是一张混乱的德语学习CD。"苹果上有虫子""苹果树，没有虫子的苹果，有虫子的苹果"，露西在那儿喃喃自语。

"真烦人！"马克西米利安叽叽歪歪。

"可我就该这么做！有虫子的苹果……一棵梨树。"

"那我也应该这么做，"马克西米利安开始捣乱，"我要拿左上角的正方形卡片……我要拿中间第三排最下面的正方形卡片……"

"妈妈，他们逗我！！"

还是改玩投骰子游戏吧。在"堡垒"棋盘游戏里，不管你的年龄多大，输赢的机会都差不多，如果你遵守游戏规则的话。

"这么玩太无聊了，"马克西米利安只玩了一局就不耐烦了，"我们想想新玩法吧，游戏的规则应该为我们而设立，而不是游戏规则来设立我们。"

如果你家里有一位物理工作者，这种理念就会引发冲突。"规则就是规则，"马库斯抗议道，"规则就像自然法则一样，你不能改变它们！"不过，生活却常常如此，混乱终将获胜，堡垒游戏被添上了一些新规则。例如，每个人都定义一个"领袖"，可以是河马，也可以是小狐獴，什么都可以。然后，这些小动物比棋子小人儿可以拥有更多的特权，比如它们可以走更多步，因此它们也往往能更快到达目的地。

两天了，一切都特别祥和。棋盘上热火朝天，有时河马赢了，有时狐獴赢了，而棋子小人儿们却从来没有赢过。直到一天晚上，露西的河马离终点只差一步了，就在尤利娅的猴子对面。谁能先掷出下一个 1，谁就赢了。

尤利娅把骰子握在手里，贴在嘴巴上。她低声说："1、1、1，来一个 1。"她掷出了 2。

露西拿起骰子。战胜姐姐的第一场胜利近在眼前！她双手合十："亲爱的上帝，请让我来一个 1 吧。"她拿起骰子，摇了摇手，然后掷出了 1。

"耶！"欢呼声惊天动地。

但尤利娅喊得更大声："唉，不玩了，不玩骰子游戏了！"

实验：从石头、剪刀、布到"西洋双陆棋"的概率论

在这里，你将最终学会如何战胜孩子们！

你需要：

- 4 个骰子
- 不透明胶带
- 一支记号笔

方法如下：

制作 4 个写有特殊数字的骰子。可以这么做：将不透明胶带贴在一般骰子的表面，然后像下面这样在上面画上新的数字：

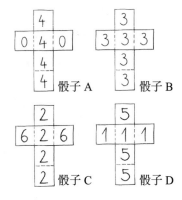

总是让两颗骰子对战，谁的数字大，谁就获胜。先让骰子 A 与骰子 B 比一比。如果你多掷几次的话，就会有大约 2/3 的情况下，骰子 A 会赢过骰子 B。

现在让骰子 B 与骰子 C 比赛。骰子 B 更容易打败骰子 C。同样，骰子 C 也更容易打败骰子 D。

这样看来，骰子 A 是最强的一个骰子，对吗？事实并非如此！骰子 D 能打败骰子 A。所以，每一个骰子都有另一个骰子能打败它！

如果你想赢，就可以利用这个事实：让某人从 4 个骰子中任选一个来玩，然后你可以找出与之匹配的能打败它的那个骰子。我计算过，如果你把骰子对掷 20 次，输的风险只略高于 6%。

这背后的原理是什么？

要想知道一个骰子战胜另一个骰子的概率，我们必须计算两个骰子可能出现的结果。两个骰子能掷出 6×6 即 36 种不同的可能。

例如，我们来看看骰子 C 对战骰子 D 的情况：在这里，如果 C 出现了 6，C 总是赢家。因此，如果 C 掷出一个 6，那么 D 显示哪个数字并不重要，它都会输。而 C 有两个 6，这样一共有 12 种情况，C 总是赢家。

除了两个 6，C 还有四个 2。只有在骰子 D 投出 1 的情况下，C 才能赢。骰子 D 上有三个 1，所以有三次这样的情况。因此，C 的四个 2 可以一共赢 12 次（4×3）。

这样，在 36 种可能的情况中，C 赢 24 次。因此，骰子 C 获胜的概率为 2/3（约 66.7%）。从下面这张表中你可以清楚地看到这个结果：

		骰子 D					
		1	1	1	5	5	5
骰子 C	2	C	C	C	D	D	D
	2	C	C	C	D	D	D
	2	C	C	C	D	D	D
	2	C	C	C	D	D	D
	6	C	C	C	C	C	C
	6	C	C	C	C	C	C

如果用这种方法来比较其他各对骰子的数字，你就会发现它们的概率是一样的。

石头、剪刀、布

我们能从美国著名统计学家布拉德利·埃夫隆（Bradley Efron）发明的这些特殊骰子中学到什么？它们之间的关系是不具备传递性的。也就是说，虽然骰子 A 赢了骰子 B，骰子 B 赢了骰子 C，以此类推，但这并不意味着骰子 A 也能赢了骰子 D。大多数我们生活中经历的事情却不同，它们常常具有传递性。比如，尤利娅比马克西米利安大，而马克西米利安比露西大，那么尤利娅一定也比露西大。

另一个没有传递关系的例子就是大家最喜爱的"石头、

剪刀、布"游戏，这个游戏在我们家里非常受欢迎。三个手势中的每一个手势都能打败另外两个中的一个，且同时被另一个打败，它完美地帮助我们又快又轻松地决定谁去倒厨余垃圾。我们特别喜欢这个游戏，因为露西在很小的时候，曾有一段时间她很难发"Sch"和"k"的音，在问到谁应该哄她睡觉时候，可爱的小露西特别喜欢说："我们玩史尼特、史纳特、史努特吧。"[1]

对于年龄稍大一点的孩子来说，自由式手势也很有趣：每个人可以自己想出一些东西，然后想好能表示这个东西的手势，来比比哪个更强。于是，就有了鳄鱼、骑士和手枪这些东西，孩子们特别棒地给它们想了各种手势。但是，到了"原子弹"和"大爆炸"这两个东西上的时候，手和胳膊的动作就已经用得差不多了，很难再区分开了。最后，我们发现，在出"大爆炸"的时候，已经没有东西能战胜它了。

飞行棋游戏

玩飞行棋的时候，你是不是总不得不担心自己的棋子被打回起点呢？有没有什么窍门能减少被打掉的概率呢？很遗憾，没有。唯一的窍门可能就是大家都知道的，不要

---

[1] "Schnick、Schnack、Schnuck"是德国的一种儿童游戏，中文采用意译，翻译为"石头、剪刀、布"，因为两者非常相似。露西在"Sch"和"k"的发音上有困难，错读为"Snit、Snat、Snut"，造成了口齿不清的滑稽效果。——译者注

站在其他人面前。

　　毕竟，我们可以计算一下平均需要多长时间才能在三次里掷出一个 6，从而获得进入场地开始游戏的机会。如果我们只能掷一次，概率刚好是 1/6，因为骰子上的六个数字中有一个是 6。可是即使我们能连续掷上三次，很不幸，得到 6 的概率还是很低，和掷一次是一样的。这是因为每次掷骰子彼此之间互不相关，它是一个独立事件，毕竟每次掷骰子时，骰子只有一个面是 6。所以，这就意味着即使你已经尝试了 20 次都没有成功，下一次你仍然只有 1/6 的概率让你的棋子走出起始区。

　　所以我们得想想，换一种思路来计算：假设连续三次都没有掷出 6，这种情况的概率是多少呢？很简单：掷一次，不出 6 的概率是 5/6。两次没有 6 的概率是 5/6×5/6，连续三次没有 6 的概率则是 5/6×5/6×5/6，结果是 125/216，也就是 57.9%。这意味着有 57.9% 的概率，你可能连续三次都无法投出 6。反之亦然，也就是说有 42.1% 的概率，三次中至少投中一个 6。所以，请不要觉得游戏不公平，即使你是唯一那个棋子还没有进入飞行棋游戏区的人。

双陆棋

　　如果在飞行棋中概率计算只能让我们冷静一些，那在双陆棋这个游戏里，概率计算就能真正帮助我们了。让我来为不了解这种游戏的人简单说明一下，这是一个需要用两颗骰子来玩的游戏。两名玩家需要在游戏中，在相对的方向上，尝试将自己的棋子尽快走到终点。落单的棋子可能会被拿出棋盘。由于在这个游戏里，既会用到其中的一颗骰子，有时也要算两颗骰子的总数，各种结果的可能性便不尽相同了！

让我们先看看，两颗骰子之和为某一个数时的概率有多大。总数是 2，只有一种可能的组合，就是两颗骰子同时掷出 1。这个概率便是 $1/6 \times 1/6$，即 $1/36$，也即 2.78%。

而如果要实现总数是 7 的话，就有很多种组合：1 和 6、2 和 5、3 和 4、4 和 3、5 和 2、6 和 1。也就是说，36 种情况中有六种可以得到 7，如果用概率来表示就是 $6/36$，即 16.67%。到这里我们就可以说，如果由我来决定棋子走到哪里，那我会优先选择走到对方用 2 吃到的位置，而不是用 7 吃到的位置。

但事实上，双陆棋中的情况会复杂许多，因为两颗骰子上的数字也可以被单独使用。这样一来，得到 1 到 6 的概率就大大增加了。

比如，假设我在对手的对面第三格，那对手掷出 3 吃掉我的风险有多大呢？要做到这个，对手需要在两颗骰子中至少掷出一个 3，或者掷出一对 1 和 2 或者 2 和 1。我们先来计算掷出 3 的概率，这和计算飞行棋中掷出 6 的概率的方法一模一样：两颗骰子至少掷出一个 3 的概率是 30.56%，再加上同时掷出 1 和 2 的概率是 5.56%，两者加在一起，对手走三格击中我的棋子的风险就是 36.12%。

如果计算一下所有可能出现的数字结果，就能得出以下结论：与对手相对六格以内的位置是"死亡"区域。在这个区域里，你的棋子有 44.45% 的概率会被拿掉。所以，最好是将棋子放置在距离对手六格以外的地方，越远越好。如果做不到这一点，则应将棋子尽可能靠近对手。这里的危险性约为 30.56%。

不过，还得看看是谁打掉了你的棋子。如果你是和丈夫或者妻子一起下棋，想避免冲突还挺不容易的。我有一个朋友就常常和我提起，他的婚姻是如何因为拼字游戏而破裂的。我还认识一对伴侣，两人感情非常好，和我们关系也非常好，他们结婚几十年了，但从度蜜月后就再也没有一起下过棋，只因为在第一次下国际象棋的时候，妻子忘了说"将军"，丈夫就拒绝承认她赢了那一局。

当然，在我们这儿事情还没那么糟糕。不过，尤迪特还是不怎么喜欢和我下双陆棋。她说我掷出两个相同点数的时候总比她多。从数学上讲，这当然是无稽之谈，不过我的妻子不接受这种说法。她争辩说："如果掷出两个点数相同的概率是完全随机的，那么也可能就是你比我更容易掷出两个相同的点数。"她这么说让人很难反驳。有那么一阵，我们还做了一张记录各自点数的统计表，但没过多久，我们都觉得那太费事了。最后，我的一位好朋友，一个专业统计学博士帮我最终证明了这件事：他创建了一个公式，用这个公式可以计算出投出点数的概率，没想到我投出两个点数相同的情况真有尤迪特的两倍多。这个结果并不出人意料：如果从统计学的角度来看，那我不可能是双陆棋界幸运的古斯塔夫·甘斯[1]。毕竟，从统计学角度讲，谁投出哪个点数的概率都是一样的。

所以，这对我们的平常生活其实没什么用处。每次投骰子的时候，尤迪特都会说："看！又是这样吧！"所以，我们还是更喜欢玩翻牌游戏。

记忆力

最后，让我们回过头再来观察一下这个游戏，这似乎是一个只和记忆力有关的游戏。至少开始的时候，它似乎与概率没有什么关系。是吗？并非完全如此！每当你翻开一张牌，有一定的概率你或你的对手已经翻开过这张牌的兄弟牌了。

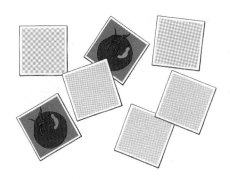

---

〔1〕 古斯塔夫·甘斯（Gustav Gans）是迪士尼唐老鸭系列动画中的一个卡通角色，这个角色在故事中总能遇到一些特别幸运的事情，所以后来被人们习惯用作"幸运儿"的代名词。——译者注

没错，每个回合你能翻开两张牌。如果你翻开的第一张看起来很眼熟？很好，那么第二张牌你就能去翻与之相应的兄弟牌，这样你就能成功翻开一个对子。但如果刚好是翻的第二张牌似曾相识，怎么办？那就很倒霉了，这个相应的对子很可能在下一轮落入你的对手手中。尤其，碰到这样的情况时，对手还是你的孩子，那你肯定会输。

等一下，不是肯定会输，是已经输了。因为事实上，本应很容易避免在翻第二张牌时，意外暴露出一对相同的牌。从现在开始，记得总是先去翻开一张你还不知道的牌。如果你找不到这张牌的对子，那就翻一张已经翻过的牌作为第二张牌。一方面，你要确保那些已经被翻开过一次的卡片被隐藏起来，另一方面，这样也不会送分给对手。试试吧，它真的有效！

如果你可以一边使用记忆技巧，一边根据你翻开的图案编故事，那恭喜你，你已经进入记忆力锦标赛选手的世界，他们那儿有一整套如何去记忆图案的技巧。

作为最后的彩蛋，我还想和大家推荐一个我最喜欢的小游戏：记忆力拍拍拍！将所有的牌都盖起来朝下，打乱次序摆成一个牌堆。每个玩家依次翻开一张牌，将牌的牌面朝上放好。翻到一定的时候，必然会出现图案花色与前面的某张牌相同的牌，这时就看谁的反应快了！谁能抢先拍到之前那张一样的牌，谁就能获得这对对子。如果有多人同时拍到，不好判定谁获得，则谁的手在最下面，牌归谁所有。而如果谁拍错的话，需要将这对牌重新放回到牌堆里。

　　明白了吗？那就祝你能玩得开心。这是我所知道的唯一能让人青一块紫一块的社交游戏了。

让人起鸡皮疙瘩的泡沫塑料

我站在我们的黄色垃圾箱里，一边不停地踩着，一边不知道该怎么办。我脚下的泡沫塑料正在互相摩擦，发出刺刺的令人难受的声音，听得我手臂上的汗毛都竖了起来，一阵鸡皮疙瘩都快起到我的肩膀上了。我小心地在上头颠了几下，然后开始跳起来。一上一下，一上一下，这些泡沫板在不停地刮擦垃圾箱的内壁。听着这声音，我的鸡皮疙瘩更厉害了。我开始有些站不稳，因为我脚下的垃圾沉下去了几厘米。

我抬起头，可以看到树林边上的那些大树，心里想着，是不是如果看不到这些泡沫，这声音就不会那么令人难受了？我知道，百事曾经出过一款透明无色的可乐，却没有人买，因为爱喝可乐的人根本认不出来。这个道理说不定在这儿也有效，看不到它，也许就意识不到这恐怖的声音了？

这当然只是我的异想天开。泡沫塑料的刺刺声似乎都要穿过耳朵，到达我的牙龈里了。我咬了咬牙，这必须得装下！黄色垃圾箱已经满得连盖子都盖不上了，两周之后垃圾处理车才会上门清垃圾。

在我们城里，每户人家都有一定数量的垃圾桶，具体有几个取决于房子里住了多少人。我们有一个带绿点的黄色大垃圾桶和两个放"其他垃圾"的垃圾桶。我们能往里头丢什么呢？孩子们已经不需要穿尿布了，吃剩的水果和蔬菜，这些厨余垃圾可以做堆肥，废纸去了特定的废纸垃圾箱。"其他垃圾"的垃圾桶总有一半是空着的。我们找了块砖头来压住黄色垃圾桶的桶盖，以免一些水果的塑料包装袋被风吹走。只要我们不喝太多的牛奶或酸奶，或者像现在这样买一台新电脑，我们的垃圾就没什么问题。可现在我们的垃圾桶装不下了。

新买的电脑被包装在一个大卡纸箱里，这箱子大得就像一口棺材。拆箱的时候，我们不得不在里面到处找东西。电脑的底边被放在一块超大的泡沫塑料板上，上面堆着一立方米带气泡的防磕碰塑料膜。所有的角落都塞满了防撞的小泡沫，那种看起来像花生状膨化食品的小泡沫。

处理气泡膜的方法很简单：马克西米利安和露西每人拿着一把长的厨房刀，他们跪在箱子前，像屠夫一样猛烈地又刺又砍，把气泡弄破。"这感觉真好。"终于，马克西米利安满意地说。他直起身子，假装擦了擦额头上的汗，随手把刀插进了纸箱的侧面。"这事儿真能让人发泄一下。"

而我说："我想发泄一下的时候，我就会烘焙。这种芝士蛋糕的底层是一些弄碎了的小乳酪。把这些碎乳酪放进冷冻袋里，然后用擀面杖不断敲打它们，直到把它们完全打碎。"

"这种蛋糕我们确实经常吃。"马克西米利安说。

"不过，今天我不烤蛋糕了，"我说，"今天我要把垃圾桶里的这些泡沫碾碎，这同样能让我发泄一下。"

不幸的是，情况正好相反。我使劲地挤压和敲打上面的一层泡沫，但泡沫纹丝不动。当我在上面又蹦又跳之后，泡沫开始发出刺耳的声音。"啪嗒，啪嗒"我一边跳，一边在心里默念着。是默念吗，我喊出来了吗？

我抬头一看，马库斯正靠在门口，孩子们在他身后站着。"你还好吗？"

马克西米利安好心地说："我们可以给你留些气泡膜，你可以去那儿发泄。"

"我们可以把气泡膜折起来，然后扔掉，"我有点发牢骚了，"可我弄不碎这些泡沫！"我又上下跳了几下，给他们演示了一下。

马库斯看起来若有所思。"你知道泡沫里主要是空气。"

"我可以把刀插进去。"露西看起来很有想法。一想到这个，我的胳膊上就开始起鸡皮疙瘩。

马库斯说："我们在演出的时候，会用丙酮来溶解泡沫塑料。"没错，在演出的舞台上放着一个从手工商品店买来的、用泡沫塑料做的化妆假人头，然后，马库斯把丙酮倒在上面，假人头的鼻子就被腐蚀掉了。

我的脑海中浮现出关于黄色垃圾桶的画面：我们把一整桶洗甲水倒进垃圾桶，然后垃圾桶开始发出嘶嘶的声音，刚刚还让我拿它没办法的泡沫塑料开始收缩消失，一会儿工夫，垃圾桶就见底了，只剩下我们的牛奶盒孤零零地躺在那里。然后，我不再起鸡皮疙瘩了，两个星期后我像往常一样轻松地对处理垃圾的师傅说："我们的垃圾桶没满，你们不用来收垃圾桶了！"

我尽量让自己优雅一点地走出"材料箱"。尤利娅从房子的地窖里拿出了丙酮，往我们的量筒里倒了大概半筒的样子，这是一种有强烈刺激性气味的液体。尤利娅一本正经地将一块泡沫丢了进去。筒里的液体开始冒泡泡，有点像水烧开了一样，泡沫在液体里没有了！消失不见了！只看见丙酮里漂着一坨白色糨糊状的东西。

"现在轮到我了！"露西拿了一大把泡沫颗粒，一下子全丢进了量筒里。我感觉那太多了，会不会堵住？就像它们在垃圾桶里一样。可一接触到丙酮，泡沫就开始冒泡泡，这堆泡沫颗粒陷下去了，不一会儿就都变成了"糨糊"。

"这点丙酮到底能融掉多少泡沫塑料？"我惊讶地问道。

"原则上，不论多少都可以，没有限制。"马库斯解释说，"它只是将空气释放出来。"

这简直就像做梦一样！

"那儿，那儿，还有那儿！"马克西米利安有节奏地喊着，他把一块又一块泡沫塑料扔进这"致命"的液体中。泡沫们冒着气泡，沸腾着，却没有一点声音！这过程就像一杯有腐蚀性的酒精吞掉了一颗一颗的零食。最后，卡纸箱被清空了。

马克西米利安在纸箱上跳来跳去，把这箱子踩得平平的，让它可以放进垃圾箱里。"你看，妈妈，"他满意地说，"这也是一种发泄的好方法。"

实验：让泡沫消失

是优雅的"魔术"，还是一种野性的娱乐，这个实验就看你怎么做了。此外，我们还会揭示泡沫球的秘密。当你拆包装的时候，这些泡沫球们总是被弄得到处都是。

你需要：

- 丙酮 1 升（可在建材商店购买）
- Styropor[1] 泡沫塑料（或者对于品牌意识不强的人来说，请选择材料是聚苯乙烯的硬泡沫），最好是40 毫米或 50 毫米厚的泡沫板或假人头。硬质泡沫塑料的表面应尽可能是粗孔的
- 一个 1 升玻璃瓶
- 一个桶

---

〔1〕 Styropor 是巴斯夫公司注册的一款聚苯乙烯泡沫塑料。——译者注

- 一个大玻璃碗或大的金属碗
- 一把用来切面包的厨房刀或者可以切泡沫塑料的美工刀
- 手套
- 安全护目镜

安全贴士

丙酮是一种非常易燃的溶液，对人体的皮肤和黏膜有刺激作用。注意在实验场所附近不能有明火，也注意不要吸入实验中蒸发出来的气体。

方法如下：

用刀切下一根长条形状的泡沫塑料，横截面为40毫米×40毫米或50毫米×50毫米最佳，或者不管多粗，都应该很容易塞进准备好的玻璃瓶中。切下的泡沫塑料越长越好，如果长度不够，甚至可以用聚苯乙烯胶水将几根泡沫粘在一起，这样效果会更好。

将丙酮注入玻璃瓶，体积约为瓶子的3/4。如果你是在观众面前表演实验，那你可以把玻璃瓶放在桶里，这样观众就看不到玻璃瓶了。

现在，请拿起这根泡沫长条，发挥你的想象力，使出变魔术一般的手法，把它插入丙酮中。整根泡沫会以极快的速度溶解到丙酮里，在很短的时间内消失在玻璃瓶中，剩下的仅是瓶底的一层塑料泥了。

即使倒出来的丙酮会变得有些浑浊，你也可以放心地将其倒回丙酮溶剂中，再次拿它表演这个好玩的小把戏，完全没有问题，几次都没有问题。或者你也可以用它来清除油漆的渍迹。简单得有点无聊？！

如果你想让实验看起来恐怖血腥一点，那你可以在网上或者跳蚤市场上花点小钱买一个塑料泡沫假人头，然后给它做一些看起来又逗又欢快的造型，比如给它戴上一副旧的太阳镜。然后，拿一个大碗，把它放在里头，慢慢倒入丙酮，假人头就会一层一层地被溶解，就像在拍恐怖电影一样。

这背后的原理是什么？

首先，简单介绍一下 Styropor 发泡泡沫。我们通常所说的 Styropor 是化工巨头公司巴斯夫的一个品牌名称。通常来说，这种产品被称为聚苯乙烯泡沫塑料。聚苯乙烯是泡沫塑料的基料，一种人工材料，常见的酸奶盒的材料就是它。它的生产过程看起来也很有趣。首先，在聚苯乙烯小球中加入少量戊烷。戊烷的物理属性在这里很有实际意义，它的沸点是 36℃，这时戊烷会变成气态。用水蒸气加热聚苯乙烯小球，聚苯乙烯会变软，而戊烷则会在这个过程中快速变成气体，使小球发泡，发泡能使它的体积变成原来的几倍之多。然后这些泡沫珠会冷却下来，在此过程中，聚苯乙烯会重新变成固体，而戊烷则变成了液体。

之前发泡时产生的洞孔还留在那里，里面则被空气填充了。

制作泡沫珠子的这种方法，实际上可以让你将泡沫塑料变成任何你喜欢的形状。只要用水蒸气加热，泡沫塑料就能重新成型：泡沫小珠子会互相粘在一起，甚至变得比之前更大一些，能吸收更多的空气。冷却后的成品泡沫，它的体积中空气能达到98%的占比。现在你终于知道，泡沫板被弄碎时那些泡沫小球是怎么来的了。虽然知道这些并不能减少这些泡沫的烦人程度，但至少能让人感觉不再那么傻乎乎……

丙酮的作用

丙酮与塑料接触会发生什么？首先，你必须知道聚苯乙烯是由长分子链组成的。分子链之所以能相互粘连，是因为它们在不同的位置上总是略带一些正电荷或负电荷，从而使分子链之间能相互吸引。不过，这种内聚力很弱。

丙酮是一种极性溶剂，即带有不同电荷的溶剂。与水相似，丙酮分子呈 V 字形。在 V 字形的下端是一个带负电荷的氧原子，而 V 字形的上面两端则带正电荷。聚苯乙烯在碰到丙酮的时候，丙酮会悄悄地进入分子链之间，在那里，丙酮会与分子链对接，而这样分子链就会断裂。这时分子间就失去了相互的支撑和结构，空气就会从泡沫结构中被排出。聚苯乙烯会缩回到原来大小的 1/50 左右，沉到容器底部，形成黏稠的聚苯乙烯丙酮团。

如果你在实验后把丙酮倒出来，并将糊糊状的聚苯乙烯抹在烤盘上，残余的丙酮会一点一点地逸出，最后就会得到一块完美的聚苯乙烯塑料。当然，如果你乐意，也可以将这团塑料倒入烘烤模具中，做出各种形状的塑料制品。想象无止境，你想做什么呢？

当然，你可以将实验后的剩余物扔入黄色回收箱，毕竟它们是普通塑料。

顺便提一下，我最早接触化学时，才 10 岁左右，当时我试图用万能胶把不同的泡沫塑料粘在一起。令我惊讶的是，泡沫不仅没有粘在一起，反而在上胶的地方消失了。这着实让我有点感到被侮辱了，因为万能胶之前从来没有让我受挫过。今天我知道其中的原因了：万能胶中含有乙酸乙酯。和丙酮一样，这是一种极性溶剂，可以替代丙酮做这个泡沫塑料收缩实验。最后，祝你玩得开心！

公路之王——平衡滑板和同类产品

　　我们住在一条人来人往的很热闹的街上。来往的汽车会小心地绕开小朋友们的波比玩具车，也会注意我们正在晒太阳的猫。只有快递员总是急匆匆的，好像后头有恶魔在追着他们一样。我猜他们的行驶表一定与公司总部相连，如果谁的平均时速低于 60 公里，就会被解雇。

　　无论如何，"热闹的街区"并不意味着所有车辆需要慢速行驶。我们的牧师常常骑着电动自行车带着他的狗一路狂奔，有时是他牵着狗，有时是他的狗牵着他。孩子们成群结队的，有的骑着滑板车、有的开着卡丁车，有的则骑自行车，他们会围追一些慢行的汽车，去超越它们，甚至让它们停下来。最有名的，当属住在我们家两栋房子外的、今年 10 岁的英戈。他会对着可能开过的奥迪车敞开的车窗大喊："我能比你快！"然后骑着他的 BMX 两轮自行车冲向转弯坡道。在坡道上，他会猛地刹车，刹得那么急，以至于后轮都能飞起来。"想比赛吗？"

　　英戈在我们这条街的小孩群里颇有影响力。他有了什么东西，其他人就也想拥有。英戈会在 YouTube 上发布自己和他的各种小车的小视频，他给自己取名叫"王者英戈"。我们的孩子们会看英戈是如何做一些小轮车的花式动作的，或者是直排轮滑，又或者是小卡丁车。然后他们也跟着玩小轮车、直排轮滑或者小卡丁车。

我们对此倒不怎么紧张。不管孩子们有什么关于玩具车的想法，我们似乎都可以满足。毕竟，我们有三个不同年龄段的孩子，各式各样的用塑料和铝材做的小车让我们看起来似乎有一个汽车公园。什么，你想要陆地冲浪板？没问题，来，爬进我们的车库，擦掉上面的蜘蛛网，没错，找到了！

马克西米利安正从大门走进厨房，自信满满地朝我喊道："妈妈，你能从车库里给我拿个平衡滑板吗？"

"什么？"

"电动平衡滑板，那种能自己滑行的滑板。"

我无法一一列举我们车库里积满灰尘的各式各样的东西，但我肯定其中没有这种会自己滑行的滑板。

"我们没有这种滑板。"我侧过身喊道。

一阵惊讶的沉默后，继续传来一个声音说："我们没有平衡滑板吗？"

"没有。"

"那我得要一个电动平衡滑板，英戈就有一个。"

"我们没必要拥有英戈所拥有的一切吧。"像所有无助的母亲一样，我想一次性扼杀他的这个念头。我儿子身后的房门"砰"地关上了。我从厨房的窗户望出去。街上有一个男孩正从我们家门前经过，正是"王者英戈"。他站在一块黑绿相间的滑板上，滑板在自己向前滚动。如果只看他的上半身，会觉得他好像站在传送带上。马克西米利安踏着他的滑板，在英戈旁边脸色略显尴尬，因为他不得不自己用脚蹬地来给滑板动力。

吃晚饭的时候，马克西米利安试图让技术精湛的父亲站在自己这边。

"电动平衡滑板太酷了，"他解释道，"就像你那天看的老电影一样。"两星期前，马库斯和孩子们一起看了《回到未来》，马蒂·麦克弗莱带着他的会飘浮的滑板。

马库斯正在仔细听着，此时英戈又出现了，他从我们的窗前滑过。"这滑板根本没有浮起来啊。"马库斯不赞成地说。马克西米利安摸了摸自己的头，"从逻辑上讲，它不是浮起来的。可那又怎样？"

"嘿嘿，悬浮的滑板，肯定能做到，"他的老爸还击说，"如果你能想出办法，我们就给你造一个真能悬浮的。"

我在桌子底下踢了他一脚。我们的教育第一守则：永远信守承诺。第二守则：在你承诺之前，慎重考虑你的承诺。对第一条守则，马库斯没有问题。话说，在北海度假的时候，他顺口对孩子们说"谁能下水潜水，我就给谁5欧元"。那时还是三月底，气温只有14℃，海水温度就更低了。不到一个小时里，尤利娅和马克西米利安就被冰一样冷的海水冻僵了，露西则发着烧躺在床上，还要求下水挣钱。她叨叨了整整两天，直到协商好先给她2.5欧元，剩下的等她完全恢复了，可以下到冰水里时再给她。

聊完悬浮滑板后的第二天早上，马库斯在手机上看到了马克西米利安发来的一条信息，发送时间：凌晨2：33；文字："点这里"，附件是一个 YouTube 视频链接。视频中，在一条与我们的热闹街区并无二致的地方，一个男孩坐在一块圆形木板上，木板上面插着一个吹叶机。画面里，一只手伸进来，打开了吹叶机。一阵轰鸣，木板摇摇晃晃的，然后升到几厘米高的空中。还是那只手，抓住男孩的肩膀，用力推了一把，他滑过马路，飘浮了起来。

整整一个周末，父子俩都泡在车间里。当他们出来的时候，身后拖着一艘用油漆漆成黑色的气垫船。马克西米利安坐在中间的红色折叠椅上。吹叶机发动，将气垫船连同坐在上头的驾驶员一起提了起来，气垫船优雅地浮在了路面上。

"就是现在，开车！"马库斯神采奕奕地喊道。他把一个灭火器放在马克西米利安的大腿之间，然后把带喷嘴的软管固定在他身后的板子上。"出发！"

随着一阵嘶嘶声和一阵喷水声，气垫船飘到了街上。马克西米利安煞有介事地向其他孩子们打了打招呼，特别是正踩着黑色电动滑板来到他身后、竖起了大拇指的英戈。

实验：气垫船

如果你愿意在这个实验中多花一点时间，就会得到丰厚的回报！你会得到一辆让邻居羡慕不已的气垫船。有了它，谁还会多看一眼越野车呢？

你需要：

- 直径约 120 厘米、厚 12 毫米的圆形木盘（自己锯或在材料商店里直接锯好）
- 直径约 120 厘米、宽约 10 厘米、厚度为 12 毫米的木环（也可自己锯或在材料商店里锯好）
- 40 颗木螺钉，用这些螺钉可以把木环和木板拧在一起，而不会让螺钉尖突出来
- 直径约 12 厘米、厚 6 毫米的胶合板圆片
- 4 颗螺钉，能将小圆盘固定到大圆盘上

- 一块牢固的编织防水布，可在材料商店买到，四角通常有金属孔眼，尺寸至少为 1.5 米 ×1.5 米
- 一把电锯
- 一把大功率的能用电池驱动的吹叶机。我们使用的型号是牧田（Makita）DUB183Z。不过，它也可以是更实惠的鼓风机，我们测试过！
- 两块木块，约 20 厘米 ×20 厘米，厚约 3 厘米
- 将两块木板固定在圆板上的合适螺钉
- 带 6 毫米～ 10 毫米钻头的电钻
- 切割刀
- 宽幅的织物胶带

可选配件：

- 一把简易的塑料花园椅
- 一个二氧化碳灭火器

方法如下：

在大木板上距离边缘 30 厘米的位置锯出一个孔。孔的大小需要和吹叶机或者你挑选的鼓风机的出风口一样大。

将木盘放在防水布上，然后将防水布剪成一个圆形，半径比圆木板长 20 厘米。

将剩下的防水布折叠到木板的四周。但是不要沿着木板的边缘折叠防水布，而要在折痕和木板边缘之间留出大约 4 厘米的空隙。然后，用胶带将防水布临时粘在木板上。

现在把大木环拧到木板上，这样防水布就会被压紧。然后，大约每隔 10 厘米拧上一颗螺钉，排成环形。

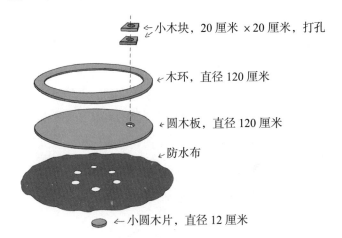

←小木块，20 厘米 ×20 厘米，打孔

←木环，直径 120 厘米

←圆木板，直径 120 厘米

←防水布

←小圆木片，直径 12 厘米

现在将做好的整块木板翻过来，让防水布这一面在上头。在防水布上开 6 个孔，呈六角形排列，距离木板中心约 15 厘米。每个孔的直径应为 4.5 厘米。这些孔的作用是，使空气通过这些孔流到气垫船的下方。

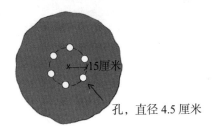

15厘米

孔，直径 4.5 厘米

在这些孔的中间位置，用 4 颗螺钉将一个小木片固定到大圆木板上，这样可以让防水布在使用过程中不来回滑

动，而是始终保持在中间位置。

现在将防水布再翻过来，我们来做鼓风机的支架。在两块方形木块上锯出一个与鼓风机出风口外部形状相对应的孔，将两块木板一上一下地用螺钉固定到大圆木板当初锯出的孔上，然后插入鼓风机。完成了！现在气垫船可以起飞了！

你可以坐在圆板的中间，启动鼓风机。防水布会充满空气，几秒钟后，它就会变成一个气垫船。现在，让孩子们推着你到处跑吧，享受气垫船的乐趣吧！

不起作用？

• 防水布充不上气？也许是因为气孔还贴在平地上。你需要先从气垫船上下来，只有在气垫充气后才能爬上气垫船。

• 气垫船无法浮起来？可能是鼓风机出风太弱，也可能是防水布不够密封，还可能是鼓风机的安装位置有点漏气。可以检查一下漏气点，然后用胶带把漏气点贴住即可。

如果你还不够满意的话：

我们可以一起来提高气垫船的舒适度！我们可以把花园椅固定到木板上，这样当气垫船助手把你像曲棍球一样推来推去的时候，你就可以心情愉悦地欣赏美景。毕竟，你与地面的摩擦力几乎为零。

如果鼓风机没有动力了怎么办？可以再找一个电池供电的鼓风机。坐在气垫船上，启动设备。如果功率很大，它应该可以提供不错的推进力。不过，在我们的测试中，只有比较专业、大型的吹叶机才能成功。不过，使用较小的设备也可以有不一样的玩法：握住设备的长臂的远端，然后以 90 度角对准侧向喷射。这样你就可以做回旋动作了！

如果你觉得上面这个配置还太慢，你可以找一个 5 公斤的二氧化碳灭火器，将灭火器的喷气管固定好。然后将灭火器放在两腿之间，灭火器的开关朝向前方，远离自己。现在一定要用双腿将灭火器夹紧，非常非常紧，然后按下开关。二氧化碳干冰会从灭火器中快速且大量地喷出，这会给气垫船带来可观的更大的加速度。所以，这就是你应该提前确保后方空间没有人或障碍物的原因。

安全贴士

二氧化碳灭火器喷射出的物质是冷的，这是有道理的，因为它本是用来灭火的。请确保你和其他人都不会将手伸进灭火器喷射物，也不会在很近的距离内触及它。当然，你还应确保道路畅通无阻。

这背后的原理是什么？

你现在可以骄傲地说自己是气垫船（Hovercrafts）的主人了。气垫船，是英国工程师克里斯托弗·科克雷尔（Christopher Cockerell）对这种工具的称呼，1955年他发明了气垫船。这项发明是后来的大型气垫船的基础，直到2000年，气垫船一直作为多佛尔和加莱之间穿越英吉利海峡的高速渡轮。然而，令人惊讶的是，气垫船雏形的发明可以追溯到一个不以航海著称的国家的一位公民身上：奥地利人达戈贝尔·穆勒·冯·托马米尔（Dagobert Müller von Thomamühl），1915年他在奥地利担任海军军官。然而，由于一些比较大的技术问题，穆勒的发明实际未能获得成功。

气垫船的工作原理其实很快就能说明白：空气被吹到运输工具的下方，在那里形成一个支撑气垫。而如果需要向前移动，通常会使用其他的推进装置向后吹气。起初的挑战是如何减少气垫船悬浮所需要的大量空气。两个重要的设计帮了大忙：首先，空气不是简单地从中间向船底吹，而是先让其向外侧吹，然后再向下吹。第二个设计是使用橡胶围边，这样可以更好地密封气垫，来对抗地面或水面的不平整。

在我们制作的气垫船中，为了简单起见，通过中间的小孔直接向下吹气，因此在技术上是落后的。不过，我们利用了前面说的第二个技巧，因为用防水布做的气垫至少可以很好地向下密封，使气垫船可以克服一些小障碍，比如通过像地毯边缘或瓷砖边缘这样的小障碍。

诚然，用气垫船推着孩子们到处跑，或者让自己被人推着过马路，确实很有趣。但真正的乐趣难道不是你开始了解这背后的物理原理？

鼓风机需要输出多大的力量才能把一个成年人浮起来？

为此，我们必须首先确定鼓风机的实际功率是多少。一般，厂家用吹风的速度或每小时吸入的风量来标定鼓风机的性能。但是，如果我们想知道鼓风机是否能产生足够的反向压力来托起一个成年人，这就没有什么用处了。每个人都知道，鼓风机可以吹出大量的空气，但也知道用手很容易遮住鼓风机的前端而截断气流，这种动压其实非常小。

我测量了鼓风机的动压。由于没有专业的压力表，我使用了一个自制的"水管刻度"测量装置：把一根3米长的透明软管装上一半的水，让它像U字形一样悬挂起来。

然后，我把软管的一端连接到鼓风机上，让它全力吹气。"全力"听起来好像力量很大，但实际效果比我想象的要差得多：U形管一边的水位只被推上了27.7厘米（所以另一边被推下了27.7厘米）。因此，鼓风机总共将水柱推动了55.4厘米。根据物理简易法则，每厘米相当于一毫巴的动压。因此，我们的鼓风机产生了55.4毫巴的压力。这不算特别大，只要轻轻在前端将鼓风机挡住，空气流动就被阻挡了。

但是要注意：就像奶酪提重器的实验一样，我们必须考虑到压力所作用的表面。这样，情况就完全不同了！我们的动压作用在面积约为1.13平方米的木板上。为了计算总力，我们必须用动压乘以这个面积：55.4毫巴 ×1.13平方米结果是6141牛的力[1]——相当于626千克的重量！因此，从理论上讲，这个动压足以轻松举起我们全家，包括我们的祖父母！难怪在我岳父过生日的时候，他自己在上面的效果非常好。

不过，我们还是要考虑到气垫船下面的空气不仅会受阻，而且还会泄漏出来。由于防水布下空气的摩擦，我们会失去一些压力。尽管如此，计算结果还是表明，成年人

---

〔1〕 重力的计算与重力加速度有关，而重力加速度根据不同的地理位置会有差别。这里是作者依据其所在地区的重力加速度计算出来的重力。——译者注

可以轻松地坐在气垫船上。当然，除了动压之外，如果鼓风机能喷出尽可能多的空气，也就是有相当大的气体流量，也会有所帮助。这样，空气不仅能提升气垫船，还能让它在地面上轻松滑行。

它也能在水面上行驶吗?

我们可以很容易地计算出气垫船是否会下沉。假设你驾驶的气垫船质量为 100 千克，把它放在一个人工湖上，如果每公斤气垫船会挤压一公斤水，正好是一升。这样，整艘气垫船挤压出 100 升水。我们用这个水量除以气垫船的接触面积（1.13 平方米），结果就是气垫船的吃水深度：只有 8.8 厘米!

这是一个令人高兴的数据，也许你已经在考虑去到一个人工湖区，来一次特别的气垫船之旅。不幸的是，我们用于表演的气垫船的船板只有 5 厘米厚，其中还包括防水布气垫。少了 3.8 厘米，我们的气垫船，包括电动鼓风机，就会直接沉入水中。

谈及又能让气垫船入水，又不需要花费太多的办法，我建议你多考虑给木板下的防水布留出相对较大的松弛度，如果它能被吹起来更多，你就能获得更高的厚度，这样应该就能成功了。如果你已经可以在你的游泳池里来回滑行，别忘了给我们发一张照片!

既然你已经不辞辛苦地动手做了一个气垫船，我想你应该值得了解或者去想象乘坐一下这个真正的大家伙：英吉利海峡气垫船，桑德斯·罗伊（Saunders Roe）航海号4 MKIII，简称 SR.N4。

SR.N4 会沉入水面多深？在这方面，它和我们的气垫船原理相同。当 SR.N4 不运动时，它只沉入水中 24 厘米。当它以每小时 129 公里的最高速度在水面上滑行时，吃水应该可以忽略不计，因为船根本没有时间沉入水中。

那它的动力怎么样呢？SR.N4 有四台发动机，每台功率为 3800 马力，总功率为 11190 千瓦。我们的气垫船有一个功率约为 0.5 千瓦（500 瓦）的"发动机"（也就是鼓风机）。不过，它仅仅用到鼓风机来提升，而在我们的表演中，我们喜欢使用二氧化碳灭火器充当推进装置，让气垫船带着令人印象深刻的尾云穿过舞台。这种灭火器的性能如何？为了弄清这个问题，我们拍摄了气垫船的运行过程。视频显示，灭火器喷射了 2.6 秒（很短，我们不想从舞台上摔下来）。这样，气垫船行驶了 3 米。气垫船重 100 千克，当然这在影片中是看不到的。根据这个数据，我们计算出了灭火器的容量。我们假设灭火器一直以相同的力驱动气垫船，而且速度越来越快。我们还忽略了空气摩擦，因为在这种低速情况下，忽略空气摩擦是没有问题的。结果是，灭火器驱动气垫船的功率为 0.1 千瓦（100 瓦）。虽然这个数字看起来并不是很大，但事实上和你自在地骑一辆自行车所需的功率差不多。

这样算起来，我们的气垫船总功率为 0.6 千瓦（600

瓦，其中 500 瓦来自鼓风机，100 瓦来自灭火器）。为了与 SR.N4 进行一个公平的比较，我们必须将船的质量也考虑进来。SR.N4 在满载时的最大质量为 320 吨，是我们的气垫船的 3200 倍。如果把我们的气垫船的功率乘以 3200，就得出 1920 千瓦，即使这只是大型气垫船所需要的 11190 千瓦功率的 1/6，这个结果仍然是比较有意义的。首先，两个数值的数量级是相同的，而对于物理工作者来说，到这里事情就成功了一半。显然，我们没有出现什么严重的计算错误。

另一方面，根据我们的气垫船得出的计算结果略低于高速大型气垫船也是合理的，毕竟，灭火器并不能让你达到真正的高速行驶。试想，即使在 SR.N4 的船顶上安装 3200 个灭火器，也可能无法使气垫船达到 129 公里 / 小时的最高时速。要是真的在船顶上装 3200 个灭火器，确定的是，只会引来大量的媒体报道，即使只发射 15 秒……

当然，媒体的大量报道肯定会对航运公司 Hoverspeed 有所帮助。2000 年，该公司改用了高速双体船，来接替之前在多佛尔港和加来港之间的气垫船航运业务。双体船可以载运更多的车辆和乘客，可是用时却从半小时变成了 45 分钟。对于像我们一样的气垫船粉丝来说，它的速度当然是太慢了。所以，后来的结果也并不令人意外，乘客数量逐渐下降，到 2005 年，该公司宣布破产。

手机墓地里的大复活

"叮！"

我俩生气地看着对方。

"叮！"

似乎到了一定的年龄，手机就会像长在手上一样。手机不停地发出提示声：新的猫咪视频上线了，WhatsApp 上有新消息……即使是在吃饭的时候，手机被放在盘子的旁边。

"叮！"

"爷爷，你倒是把手机拿走！"尤利娅不怎么耐烦地说道。

"我只是想……"爷爷挪开了叉子，显示屏上是朋友发来的一张烤蛋糕的照片。

"我们的菜也很好吃。"我说。

"我们不能在吃饭的时候玩手机！"露西也用大人教训小孩的口气说道，"除非我们在做阿西族的食物。"

露西说得没错，原则上我们吃饭的时候是不上线的。孩子们每年会有几次例外："阿西晚餐"。在"阿西晚餐"上，每个人才可以用手机看视频。我们会吃冷冻披萨或者罐装的馄饨，孩子们很爱吃。

我们作为家长，每次则都会确认，孩子们不会一插上电源就对吃饭毫无反应了。之后，我们舒舒服服地开上一瓶酒，在安静的环境里聊上几句天。时不时地，我们会突然说出一个孩子的名字试试，看看我们还能不能无拘无束地说话，一般总是可以的。

爷爷把手机塞进衬衫胸前的口袋。

"叮！"

这是其他朋友在给蛋糕点赞评论。

"至少得把手机调成静音吧。"马库斯有点不高兴地要求道。

"我不知道这该怎么弄。"

尤利娅咧嘴一笑。"我们把手机放进冰箱吧，在那里手机就没有信号了。"

"或者放进微波炉里，"马克西米利安建议说，"然后它就会爆炸。"

"如果手机爆炸了，我也会爆炸。"爷爷反驳道。大家哄堂大笑。

马库斯却没有和大家一起笑，"把手机放进微波炉里，也许什么事都不会发生。我们可以试试。"

"吃完晚饭后！"我对他喊道。

孩子们难得这么快就把西兰花都吃完了。没过几分钟，桌子收拾好，我们就都围在了微波炉的四周。

马库斯解释了他的计划："如果我们不想让手机出任何问题，就必须先把它妥善地包好。"

我唱反调地说："难道我们是想看到手机什么都没发生吗？"马库斯装作没有听到我的话，他拿了一卷铝箔纸，给每个孩子分了一块。"请大家把铝箔纸揉成一团。"

铝箔纸团被放入了微波炉。30秒，全功率。微波炉里电流闪烁。

"你们注意一点儿！会不会手机没啥事，反倒是微波炉给弄坏了？"我问道。

因为微波炉可是我的心头好，孩子们可以用它加热吃的，而不用冒让房子着火的风险，而我们的燃气灶对此就不能保证了。不过这些我们以后再谈。

马库斯安慰我说："之所以有电流闪烁，是因为铝可以引出微波产生的能量。所以，如果我们把手机完全包在铝箔里，它应该什么事儿也不会发生。"

什么样的铝包装是符合条件的呢？我们可以用3米长的铝箔来包裹手机（这是孩子们最喜欢的方法），或者找一个带塑料把手的小煮锅，又或者找一个装黄油的金属罐头盒。我赞成用装黄油的金属罐头盒，因为我常用那口小煮锅来煮意大利面的酱料，我不想把手机搞脏。

孩子们的爷爷支持我，不过他建议先做一个测试："先找一个里面装着黄油的罐头试一试。如果黄油融化了，那你们别想用我的手机来做实验。"

我们马上就能知道了。尤利娅把黄油罐放进微波炉，按下了"开始"键。银色的罐子在玻璃板上旋转了20秒钟，然后黄油从盖子上流了下来。爷爷赶紧用手护住胸前口袋里的手机。

接着，我们测试第二个选项：铝箔。马克西米利安和露西兴致勃勃地揭开一张铝箔。马库斯从黄油罐子中取出剩下的固体黄油放在里面。20秒后，我们没有闻到任何气味，也没有看到任何东西渗出来。30秒后，我们把铝箔从微波炉里拿出来，里面的黄油变软了一些，但仍然是成形的，可以被涂抹的那种状态。

"我们不用再试煮锅了。"我如释重负地说。

不过我们家受过自然科学教育的那部分人，却想继续进行所有选项的测试。可惜的是，冷的黄油没有了，马库斯从冰箱里拿出了要作为甜点的草莓冰淇淋。他舀了满满一勺放入煮锅中，然后盖上盖子，剩下的则被孩子们直接舀走吃掉了。

装了冰淇淋的锅在微波炉里转动。10秒，20秒——那里散发出淡淡的塑料烧焦的味道。是手柄的缘故吗？我有些坐不住了，但马库斯拒绝中途打断实验，"只要冰淇淋还没有融化，一切就还在正常范围之中。"终于，微波炉发出结束了的嘟嘟声。锅看起来很好，冰淇淋也还是冰淇淋。

我丈夫高兴地笑了："轮到手机了！"

爷爷牢牢地抓着智能手机，说道："你为什么不拿自己的手机？"

"我还得用的。"马库斯反驳道。

"我也是。"

马克西米利安大方地把手机放在桌上。"你可以用我的。如果坏了，你给我买个新的。反正我也想要新的苹果手机。"

"想得还挺美。"我说，"我们可以从'手机墓地'里拿一部，那里有的是手机。"

我穿上拖鞋朝地窖走去，走下十级台阶，在地窖最远的那个角落的架子上有一个盒子，我们叫它"手机墓地"。现在，即使人年过六旬，也会紧跟着科技的发展，比起年轻人，我们家的长辈有更多的新智能手机或者笔记本电脑。换新的时候，旧手机通常"还好好的"，所以他们不舍得扔掉，但他们也不想再用了。于是，他们一句"可以给孩子们"，这些就归我们了。

只有少数一些"被继承的电器"孩子们真能用得上。比如，马克西米利安房间里的那台占了整整一面墙的电视机，让我们曾一度觉得需要把他的床挪走。不过大部分手机都进了地窖，在那里静静等待"被复活"。

我拿起一个镶着金边的白色大智能手机，它刚好可以放进锅里。30 秒，最大火力。小心翼翼地，马库斯把手机从微波炉里拿出来，放在桌子上，然后按下开机键，输入写在背面胶带上的密码——手机开启了，成功了！

马库斯激动地将手机抛向空中，然后用另一只手接住。

从右到左，从左到右。他把手机转来转去，就像摊煎饼一样。然后，手机在空中奇怪地转了一下，马库斯左手没接住。于是"啪"的一声，手机摔到了地上，显示屏朝下。

马克西米利安把它捡起来，说道："就像果酱面包，掉在地上的时候，总是果酱朝下。"手机的屏幕裂开了，裂纹就像蜘蛛网一般。

马库斯表演"杂耍"的虚荣心似乎受到了一丝小打击。"手机为什么会飞不稳呢？"他捡起一块掉在客厅地板上的积木，像转动手机一样，把它抛向空中，又接住。扔出去，又接住。积木乖乖地绕着中轴线旋转着，有条不紊地再次落在他的手中。那再来试一下手机：手机旋转着进入空中，然后又掉到了地上。

"你把手机玩坏了！"露西没好气地喊道，"到我10岁时候，这手机是归我的！"

马库斯一脸悔意地看着露西，抱歉地说："我们会从手机墓地里再给你选一部。而且，现在你至少知道，手机可以放进微波炉，但不能抛着玩。"

世界上最无聊的实验：旋转手机

我想你不会误会我的意思，事实是，我认为这个实验非常不同凡响！不过，全世界可能只有我一个人这么认为，毕竟我试图说服几家电视台的负责人把这个实验播出去，但都失败了。"无聊，没意思！""这讲得不够清楚！""不够刺激，太复杂了！"这些是制片人或编辑的评价。

现在请你亲眼看一看，在手机或者巧克力块这样简单又日常的生活物品中，蕴藏了多少令人兴奋的物理知识。

你需要：

- 一部手机

它甚至都不需要有手机的功能。你也可以找一个其他的长方形东西来替代，它的长度与宽度必须不一样，比如可以是一个小托盘、一块巧克力、一块砖头或者一个电视遥控器。

在这个实验中，我假设你所处的地方是能够让你安全地抓住物体的，如果你真的在用你的手机探索手机旋转的秘密。不过，你最好还是在柔软的沙发上做这个实验，而不要在厨房的大理石地板上。

开始了，请"系好安全带"！

你现在的任务是让手机尽可能稳定地在空中旋转，即围绕其主要惯性轴旋转。请不要像某些电视编辑一样，被这个专业术语迷惑了。事实上非常简单，做这项实验只需要分三个步骤。

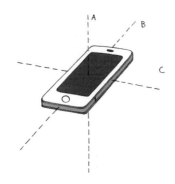

1. 拿住你的手机，就像从书架上取下一本书，拿住狭窄的"书脊"这一侧。现在，用拇指和食指夹住想象中的"手机书脊"的上角，然后在这个点上向上甩起手机，手机会非常稳定地旋转，不会发生晃动。

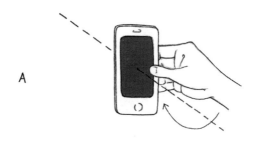

2. 横握手机在面前。双手左右握住手机，就像握住游戏机的控制器一样（不是像过去的 Competition pro 那样，而是像玩 Play Station 时一样）。现在用拇指和食指转动手机，然后将其抛起。这并不容易，但还是可以做到。手机现在可以绕纵轴旋转。而且旋转非常稳定，没有抖动。

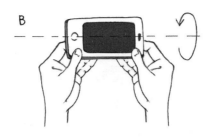

3. 将手机纵向放在你有力的手掌上。现在将手机抛起，就像要在平底锅中翻转煎饼一样。试着将手机干净利落地绕着这个轴转一圈，然后再接住。你可能很少成功，手机根本无法稳定地绕着这个轴转动。因为从物理的角度来说这不成立！是不是非同寻常？一个看似十分简单的事情，却被物理学画上了删除线。对于煎饼来说，想要绕这个轴旋转，已经很不容易了，而对于手机来说，是绝对不可能的。

这背后的原理是什么？

我必须赶紧解释一下了：当你把一个物体自由抛向空中时，我们称它为"无作用力的自由旋转"，因为没有外力作用在物体上影响它旋转。想实现这种旋转，最简单的就是去太空，不过，我们在沙发上尝试这么做也是可以的。

物体自身转动的难易程度是由其惯性矩来描述的。大理石的惯性矩相对较小，因此很容易旋转。而如果是保龄球，又或者如果试图让我们生活其上的球体——地球加速旋转，就会困难一些了。

惯性矩不仅取决于物体有多重，还取决于质量分布距离重心的远近。让我们拿一个足球（标准质量：430 克）和一个相同质量的实心钢球做个比较。由于钢球不像足球那样是空心的，加上钢球是由重得多的材料制成的，因此在质量相同的情况下，钢球的直径只有 4.7 厘米，而足球的直径有 22 厘米。通过几个非常简单的公式就可以计算出，足球的惯性矩是钢球的 34 倍。这是因为足球不仅要大得多，而且它的质量也都集中在外壳上。

如果足球和钢球的生产质量没有问题的话，那它们应该都是非常对称的物体。因此，围绕哪条轴线旋转都没有关系，而其他物体的情况则完全不同：它们有不同的轴，围绕这些轴旋转的难易程度也不同。让我们来看看圆柱形物体，比如一把扫帚：根据经验，我们知道，将扫帚在长度方向上绕中心点旋转比横向握住扫帚并绕纵轴旋转所需的力要大得多。可见，扫帚的惯性矩因旋转轴的不同而不同。

只需一点数学知识，你就可以计算出任何物体的惯性矩，无论其形状多么复杂。在计算时，你需要确定刚刚在前面已经看到的三个坐标轴：

1. 惯性矩最大的轴。就手机而言，是第一种情况："书脊轴"（A）。手机可绕该轴稳定旋转，但需要相对较大的力才能实现。

2. 具有中等大小的惯性矩的轴，对于手机来说就是"薄饼翻转轴"（C）。手机无法稳定地绕这个轴旋转。

3. 物体最容易绕其旋转的轴，就手机而言，是"横握控制器轴"（B）。

有了这三个轴，你就可以计算任何物体的任何旋转，无论你把它在空中抛得多么歪斜，也无论它是手机还是国际空间站。这三个轴被称为"惯性主轴"。

但为什么手机在被像煎饼一样翻转时，会在空中扭来扭去呢？因为没有人能完全精准地垂直投掷。当你投掷手机时，它永远不会完全围绕惯性主轴旋转，而总是稍有偏离。对于 A 轴和 B 轴，稍许的偏差不会有很大影响，旋转仍然能保持稳定。然而，对于 C 轴，最小的偏差也会不可避免地导致不规则旋转。想让手机围绕 C 轴稳定地旋转，就像试图让埃菲尔铁塔稳定地倒立在塔尖上一样徒劳无功，或者我们说得更实际一些，如同想用笔尖立住一支铅笔。这根本行不通。

最后：注意危险

我的一位好朋友最近和我说，她总是要在儿子放学后拿走他的手机，好让他安心写会儿作业。有一天，儿子随手把手机扔向她，手机转了一圈，一角正好击中了她的眼睛。眼科医生对此并不感到惊讶，尤其是这种型号的手机，其边角的形状正好与眼窝相吻合。所以在抛手机时一定要小心，或者请尽量使用圆角的手机。

接下来，回到我们的微波炉手机测试。

实验：微波炉里的手机

对于第一次做实验的人来说，你需要：

- 一个金属的装黄油的罐子
- 从冰箱里刚拿出来的黄油
- 微波炉
- 烤箱防烫手套

方法如下：

将装满黄油的罐子放入微波炉（当然要盖上盖子），用微波炉全功率加热 30 秒。再把黄油罐子拿出来，记得戴上烤箱防烫手套。如果黄油罐子的盖子盖得比较紧，黄油应该还是硬的，或者至少和放进去的时候差不多。

下面这个实验是为那些可以接受生活中不用手机的人设计的，你需要：

- 一部手机
- 一个带盖的金属锅（金属是锅的唯一组成材料），

手机可以放进去

- 微波炉
- 别太紧张

方法如下：

将手机放入锅中，盖上盖子。然后把锅放进微波炉转30秒，当然是用全功率。

这其实是一个无聊的实验，也许在这时锅会有点发热，不过你的手机应该和之前完全一样。几乎可以肯定的是，当你把手机从锅里拿出来的时候，手机将没有信号。这是很正常的，因为在锅里无线电被屏蔽了。只要手机被拿到锅外，信号就会自行恢复。而且别担心，这不会弄坏微波炉。

这背后的原理是什么？

当你读到这段叙述时，"法拉第笼"这个词可能已经出现在你的脑海中。没错，电磁辐射没法穿过一个牢固的金属屏障。每个物理系学生，无论男女，都知道这一点。但是当时在写这个章节的时候，作者并没有想到这一点。我们的办公室里挂着一块很大的白板。这对我们来说很好，因为它可以让我们更好地规划办公室的日常工作。奇怪的是，后来我们的 Wi-Fi 接收效果很差。我自己没有想到这两者之间的联系，其他人也没有想到。

还是我们的 IT 管理员，我们公司的专家，让我们的电脑又正常运行了。白板被我们挂在连接 Wi-Fi 路由器的墙壁背面，没想到这样一来，路由器就需要透过金属白板将网络信号传送到办公室。

当一块金属被电磁波击中时，究竟会发生什么呢？首先，我们需要弄清楚什么是电磁波。微波炉中的射线、手机发出的信号、手电筒发出的光、无线电波——所有这些都是电磁波。在真空中，它们以光速传播，不同之处仅在于波的长度不同。但是，当电磁波遇到物质时，它们的表现就不同了。光和手机发出的电磁波都无法穿透铝制外壳，但伦琴射线，也就是 X 射线却可以。在下文中，我们只讨论电磁波，它的波长大于或等于光的波长。因此，X 射线不在我们的讨论范围之内。

电磁波是一种相当复杂的现象。它们可以被看作许多耦合在一起的小电场和小磁场。它们的振荡方向与其传播方向垂直。当电磁波遇到金属时，磁场会引起金属中的电子[1]振动。金属的导电性越强，电子振荡的幅度就越大，并且电子振荡的频率与进入的波完全相同。因此，至少在锅的表面，波是完全被控制住的。

当电子快速振荡时，它们就变成了发射器：它们现在就像微型天线一样，自己发射电磁波。这些波看起来和让电子振荡的电磁波一模一样。所以，我们的锅的表面所发

---

[1] 金属，无论是钢、铜、银还是汞，它们的特点是电子可以在其中很好地移动。在玻璃或塑料等非导电材料中，电子被分配到特定的原子上，移动性较差。

射的电磁波与它所接收的电磁波一模一样。这意味着微波
的辐射会被锅反射。

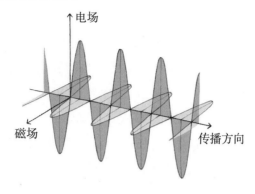

为什么微波不能穿透金属？

在金属中产生的波与在微波炉中产生的波有一个最基
本的不同。金属中的横向振荡的方向是相反的。想象一下
孩子们画出的微波：上下均匀。当微波炉发出的电磁波呈
一个波峰的时候，金属锅发射的电磁波则呈一个波谷。这
就是两条波线相互抵消的原因。因此，黄油罐中的黄油或
锅中的手机不会受到微波的影响。

如果振动方向不相反，金属中的波就不会相互抵消，
反而会变得越来越强。可惜这在实践中并不存在。这确实
令人遗憾，因为如果那样的话，我们就可以在不投入任何
额外能量的情况下获得能量。在这件事上，物理学通过计
算给我们划去了这个可能性。能量本质上是不变的。

从物理的角度来说，在电梯里打电话也会发生同样的

情况。通常，电梯四周都是金属结构，手机信号无法通过。但如果金属结构中有缝隙，会发生什么情况呢？微波炉的门上通常就有一块金属网板！这和微波的波长有关。你的微波炉一般使用波长约为 12 厘米的微波来工作，如果门上的这些网孔很小，波几乎会被金属完全反射。因此，只要小孔明显小于波长，一切都没有问题。

如果你想在电梯里打电话，那你首先需要知道，移动电话的波长在 15 厘米到 30 厘米之间。因此，如果想让信号穿过，在金属壁上钻小孔是不够的，而是应该锯出一个窗户。这样，电梯在形态上就与汽车或飞机相似了。你可以在里面打电话，因为电波不费吹灰之力就能穿过窗户。而对长波的干扰（请注意我说的是长波，而不是无聊[1]）来说，例如闪电这样的长波，这个窗户缺口就太小了，所以乘客不需要担心被闪电击到的危险。

自从这个实验之后，我们家的黄油罐的盖子边缘就出现了一个小黑斑。这是微波让金属中的电子快速移动后，形成的微型"小闪电"在金属上留下的痕迹。不过，实验对微波炉可是毫无伤害，它完好无损。

---

[1] 德语的长波和无聊只有一个字母之差，所以容易看错。长波：Langwellig；无聊：Langweilig。——译者注

男人干的事儿，女人干的事儿

我 18 岁离家时，父母送了我两样东西：一台洗衣机和一把带电池的手持电钻。这两件东西似乎像爸妈在说，别每个周末都给我们带一袋脏衣服回家，还有，你不需要男人来帮忙固定架子，你可以自己动手。

说实话，我非常开心，真心的。电钻拿起来很顺手，如果架子太重，螺丝无法承受，从墙上脱落下来的时候，我也会用快干水泥进行修补。快干水泥可是个好东西：搅拌均匀，涂抹在洞里，5 分钟后就可以重新钻孔了。我对手工不感兴趣，也没有天赋，但电钻和快干水泥很适合我：快速、简单，出了问题也不必苦恼。在公寓里工作时，我可以自给自足。

20 年后，在地下室里，我慌乱地找着我的手持电钻："不，这不可能！它在哪儿？"我的手持电钻不见了。以前放电钻的地方现在全是电线延长线和节能灯泡。

马库斯被我的喊声吓了一跳，赶忙跑下楼来。

"我的钻头呢？"

"小的那个吗？我把它带到车间去了。我这里有喜利得。"我丈夫指着一个红色塑料大箱子，里面放着一把电钻，像机枪一样大，它的后坐力足以把人撞倒。这完全是男人的工具。

"我不要用喜利得！"我有些恼火，"我要我的手持电钻！"

马库斯却很确定地说："你平时从来不用电钻钻孔。"

确实，他是对的。多年来，传统观念在我们家逐渐蔓延。家里的男人负责在架子上钻孔，而女人则负责做饭。事实上，我们并不希望这样。毕竟，我们是一个现代家庭，平等是教育的责任。从幼儿园开始（"男孩也可以自己做灯笼！"），延续到小学（"女孩也可以踢足球"），并在青春期达到顶峰（"儿子，我教你洗衣机怎么用"）。

不过可惜的是，在大家庭的日常生活中，往往大家只想着一件事：在海啸般的需求中先活下来，不要被压垮。于是，每个人都做自己能做得最快速的事情：我做饭，马库斯给架子钻孔。不过，我们至少都会用洗衣机。在接下来的几周里，我开始在我的朋友中进行一项不具代表性的调查，结果显示：这些年来，几乎所有的朋友在分配任务的时候，都变得更加传统。我们的朋友中，只在一位娶了女木匠的哲学历史老师的家里，会由妻子铺木地板，而他甚至连螺丝刀在哪里都找不到。

在我的好朋友汉娜的生日聚会上，我给大家看了我的调查结果，供大家讨论。我们坐在厨房里，已经两杯啤酒下肚，桌上放的是第三杯了。从"政治正确"的角度，我们都开始批评自己的角色分配。

"根本不应该是这样的。"其中一个人喃喃地说。

"这太不现代了。"另一位补充道。

6岁的拉丽莎光着脚在我们身后的楼梯上弄出啪啪的响声，她眨着眼睛看着灯光，头发有点乱糟糟的，怀里抱着一只毛绒鳄鱼。汉娜和她的丈夫托尔斯滕面面相觑——他们现在都不想上楼去哄她睡觉。

"来坐在我腿上，"托尔斯滕最后说，"你可以加入我们。"

我们给了拉丽莎一瓶Bionade[1]，她骄傲得像得了奥斯卡一样。她认真地听着大家的谈话，然后她转向汉娜："妈妈，有些事情男人能比女人做得好吗？"

安静，我们可以听到汉娜在思考。然后她咧嘴一笑，说："甚至有些事情，只有女人才会做。"

"我知道，"拉丽莎无聊地说，"生小宝宝。"

"不，推火柴盒。"

汉娜放下啤酒，想在灶台旁边的抽屉里找出一盒火柴。她翻找了一会儿，终于找到了。汉娜跪在地上，把火柴盒放在身前大约半米的地方，这距离正好，当她的胳膊弯曲放在膝盖前的地板上时，手指刚好还能碰到火柴盒。

汉娜直起身子，双手交叉放在背后。"现在注意了，

---

〔1〕 Bionade：德国的一个饮品品牌，生产酿造型零酒精的天然提神饮品。——译者注

男士们！"她弯下腰，用鼻子把火柴盒推倒。很轻松，很流畅，丝毫没有摇晃。

然后，她站起身来，把盒子递给丈夫，做了一个隆重的手势。"照着我做！"

托尔斯滕看起来想用 Bionade 取代他妻子的啤酒。

"爸爸，来吧！"拉丽莎说。

他把她从腿上抱起来，自己跪到地上，摆好火柴盒的位置，弯下身子，肚子朝下趴在厨房的地板上。拉丽莎在厨房里不停地大喊大叫，一边还看着她的母亲。

现在，我们其他人也想这么做做看。一个又一个朋友自信满满地把火柴盒推倒，令人惊讶的是，遇到困难最多的竟然是我们的铁人三项运动员——布丽塔。她肌肉发达，体重估计有 50 公斤。我们开玩笑地说："你屁股上的肉太少了，所以没有重量来平衡。"

无论身材和体型如何，男人们全都失败了。

第二天晚上，我丈夫洗东西的时候，我看着他。"像这样的喜利得，"我说，"其实用起来基本上就像我的小手持电钻一样，不是吗？"

"是的，怎么了？"

"下一个架子的钻孔我来。如果我能移动小火柴盒，我也能用得了喜利得。"

实验：推倒火柴盒

你需要：

- 一位中等身材的女士
- 一位中等身材的男士
- 火柴盒、积木或其他类似形状和大小的物体

方法如下：

如果你时常做瑜伽，这个实验看起来一定很熟悉。如果你讨厌瑜伽，当你因为做这个实验而跪下来的时候，那就想想物理帮你拓宽了生活的边界。我是说真的，现在请跪在地板上，上身向前弯曲。作为一名瑜伽爱好者，你是不是现在希望自己的双臂向前伸展或向旁边打开，做出小朋友般的姿态？但我们需要你做得更复杂一些：把你的一双前臂及手掌放在身体前的地板上，让你的肘部触及膝盖，

并使双手的位置在双腿的延长线上。现在，在你的中指正前方直立放置一个火柴盒。这样实验的准备就完成了。

再次挺直上身，双手交叉放在背后。现在试着用鼻子把盒子推倒！这听起来很容易，但如果你是男人，其实很难做到。你要么根本够不着火柴盒，要么还没有够到火柴盒，就会向前翻倒。

不过，作为女性的一员，这项任务对你来说应该不难。你应该可以用鼻尖顶住火柴盒的顶端，然后在男人们的掌声中，轻轻将火柴盒推到。

这背后的原理是什么？

我不得不让女士们失望，而让男士们有所安慰。有些人认为是因为女性灵巧甚至有超能力，也或许是因为男性笨拙，而事实上这完全是一个重心问题。重心是一个人身上的一个点，你可以假想整个身体的重量都聚集在这个点上。也就是说，称重时，你是作为一个人站在天平上，还是作为一个具有同样重量的小点站在天平上，则完全没有关系。或者说，你的孩子是以一个小孩的样子，还是以一个落在他重心上的质量相同的微缩模型的样子在跷跷板上玩耍，都是一样的。无论国际空间站是作为一个复杂的空间站，还是作为在它重心上的一个质量相同的重块围绕地球运行，对于整个系统的运动来说完全不重要。

重要的是你的重心在哪里。当你站立时，你的重心永远不会在脚趾前或脚跟后，因为那样你就会摔倒。如果你需要单脚保持平衡，重心就必须刚好落在站立脚的脚面上。如果把站立范围缩小，你想用脚尖站立，这项练习就会变得更加困难。这时，你的脚部和腿部肌肉需要做很多事情，以保持你的重心在来回移动的时候，落在这个微小的站立面之上。

倒立艺术家们花费数年时间，一遍又一遍地将重心准确地保持在手掌上方。不管表演者是单手站立、四肢伸展还是全身蜷在一起，重心必须落在手掌的上方。否则，他就会摔倒。

但是，为什么男性会在比赛任务中摔倒，而女性不会呢？

乍一看，人们可能会觉得情况完全相反，因为女性有乳房，而男性则没有。但仔细观察就会发现，体型是决定女性在这个游戏里成功的关键。人体的重心一般大约在肚脐的位置。然而，与女性相比，男性的上半身实际会承载整个身体中更多的重量，而女性的臀部和大腿则占了很大的比重。换句话说：男性的背部较宽，女性的臀部较宽。因此，这个后果就是，相对于身高，女性的重心比男性低几厘米。这样女性就能够在做上面这个游戏时，将重心保持在比较靠后的位置，然后将火柴盒推倒。

不过，这种差异很小，只有在青春期之后才会显现出来。所以说，上面这个实验并不总是有效的。几年前，我们在电视演播室里和几个观众一起做这个实验时，几乎没有人能成功地把火柴盒推翻。我们都紧张坏了，因为没有备用的实验方案。所幸，我们发现了男女实验对象都是只有十来岁的青少年，他们还没有宽阔的肩膀，也没有宽大的臀部，所以我们不具备实验成功的一个良好基础。补救的办法是，我们不得不更仔细地挑选了实验对象。

几年来，还有一项类似的性别测试也常常被人们津津乐道。任务如下：在墙的正前方放一个废纸篓或桶。试着让自己站在离墙两个脚掌远的地方，弯下腰呈90度角，使前额碰到墙。然后，伸手去拿废纸篓，并试着拿着它直起身子来，双腿必须伸直。我想，你可以猜到结果：女性能做到，而男性做不到。原因同上：男人上半身重。

我想，你可以叫上家庭里的所有成员来试试这个实验，不过千万要注意，别给男人们提供不去倒垃圾的好说辞。

外婆与"死海"

"爸爸，你给我们带了什么？"

三个孩子围在笔记本电脑旁，屏幕上，一幅像素化的马库斯的图像在晃动。我们正在 Skype 上连线约旦，进行视频通话。在电话里，马库斯正在科学博物馆里展示实验，约旦的小学生们看得津津有味。

家里的小学生就没那么开心了。"物理是世界上最无聊的学科，"马克西米利安对着 Skype 摄像头抱怨说，"今天我们说到了倒立的水杯，就是把啤酒杯垫放在杯口不会掉下来的那种。这谁都知道！十年级我就不要再选物理课了。"

马库斯一脸震惊地看着他。"不要取消修物理课！我带来了一个有趣的实验。真的！"

一周后，走廊里出现一个大行李箱。马库斯打开行李箱，里面有一条闪闪发光的围巾和一个带暗格花纹的方形盒子。"现在到了最精彩的部分。"他宣布，然后从箱子里拿出两个塑料水瓶。一个是空的，皱巴巴的，而另一个装了半瓶浑浊的水。

"哇，"马克西米利安说，"水。"

"这些都是实验品！"马库斯把皱巴巴的瓶子放在桌

上。"我在安曼把这瓶水喝完了，然后带回家。这里的气压更高一些，所以瓶子被气压挤扁了。很棒，不是吗？"

而从第二个瓶子中，我们每人都分到了满满的一小酒杯。

尤利娅怀疑地闻了闻，"这真的是水吗？"自从印度之行后，我们的冰箱里出现了一个装腰果酒的瓶子，她就再也不是什么都喝了。

"这是水，"马库斯安抚她说，"来自死海。你们可以试试。"

尤利娅小喝了一口，跑到水槽边吐掉了。然后，她接了一杯自来水喝。

"很咸，不是吗？"马库斯得意地说，"死海的盐分很高，我只需简简单单地躺在水里，水就能把我浮起来。"

露西插话说："在没有盐水的游泳池里，妈妈也可以做到。"

我没好气地看了她一眼。不过她说得没错，这是真的：我可以在任何水里扮演一个"死人"，而马库斯却不行。这与身体密度、脂肪比例，还有肌肉比例有关。但我们还是不要……

马库斯把剩下的死海的水倒入小麦啤酒杯中，放在了窗台上。"我们现在就让水蒸发掉，然后我们就能知道水里有多少盐了。"

"这需要多长时间？"马克西米利安想知道。

"几个星期。"

"真无聊，就像学校里倒立玻璃杯的实验一样。"

"没有什么东西会是一直酷的，"我试图安慰他，"物理当然也不会。"

马库斯不是很同意我的说法："物理当然总是很酷。你只需要正确地策划安排。那样的水杯实在是太小了。"

甚至约旦的行李箱还没完全被整理完，父子俩就起身准备去找一个大的玻璃杯。英国的品脱杯太小，不行，小麦啤酒杯也太小了，不行。最后，马库斯从地窖里拿出一个我们有时用来插向日葵的落地花瓶。花瓶大概有膝盖那么高，能装 5 升水。

"接下来祝你能找到合适的啤酒杯垫，玩得高兴。"马克西米利安喃喃地嘀咕着。尽管这么说，他还是看着马库斯把画簿背后的纸板撕了下来，然后花瓶被放在了水龙头下。

"一会儿你们得把它拿走！"我告诫说。

在前花园，马克西米利安把纸板放在装满水的花瓶上。然后，马库斯把花瓶翻了过来。虽然有一点水流了出来，纸板也被水浸湿颜色变深了，但水在花瓶里被托住了！

马库斯得意扬扬地说："用大瓶子是不是很酷？"但马克西米利安只是耸耸肩。

第二天，马库斯提早了一些下班回家。他从口袋里掏出一袋黄色的气球。"现在我知道，我们怎么来玩更大一点的倒置水游戏了。"

花瓶又被装满了水。马库斯吹起一个气球，把它放在昨天放纸板的位置——瓶口处。然后，他把花瓶倒了过来，水居然真的留在了里面。气球堵住了瓶口，只有几滴水淌了出来。

马克西米利安惊讶地看着花瓶。"这牢靠吗？"他小心翼翼地拿起花瓶，然后又把它倒转过来。现在，你甚至可以看到，气球好像被吸进去了一点。然后又一次瓶口朝下，气球似乎卡在了那儿。他使劲地摇晃，气球还在那儿。"真不赖。"现在，他承认了。

马库斯拿了一个打火机塞到他儿子手里。"现在，准备好，让它爆开。可……"

马克西米利安已经将打火机拿得离气球很近了，就在气球的正下方。砰的一声，一股水流浇下来，刚好浇在他的胳膊和脚上。

"……要慢慢加热，我正想说的是。"马库斯把刚刚没说完的话说完，然后开始大笑，因为眼前这个湿漉漉的13岁的大男孩在尽可能挽回面子地后退。

四周后，蒸发死海海水的实验因为瓶子里太脏而意外被终止了。当小麦啤酒杯中的水位终于明显下降，并且瓶子里已经可以看到白白的一层东西时，孩子们的外公和外婆来了。当然，他们的到来让我们都高兴得不得了。外公外婆也特别开心，他们本来就很爱笑，又给我们做了不少好吃的，也很慷慨，看到家里有什么需要做的家务，都会随手帮忙做了。我们非常爱他们。

"这里居然还有些没处理的养花水。"外婆见状说，随后就把杯子扔进了洗碗机。正在帮忙做饭的露西站在那里，她吓了一跳，然后朝爸爸惊叫道："爸爸，外婆把死海倒掉了！"

实验：倒置的水

一个经典的实验——不过你可能从未见过这么大尺寸的！

你需要：

• 不管任何版本，这个实验都需要：水！

如果你想做一个"小号"的实验，那你需要：

• 一个水杯

• 一个啤酒杯垫、一张明信片或一块纸板

如果你想做一个"中号"的实验，那你需要：

• 一个圆形花瓶，最好是玻璃做的

• 一个气球

如果你想做一个"大号"的实验，那你需要：

• 一个桶

• 一个游泳池或去海边

• 一个水球

方法如下：

将容器装满水，然后将啤酒杯垫，或者盖子，或者气球，甚至可以是一个球放在容器口上，使其将容器严密封住。然后，将两者一起转动，使封闭的开口朝下。在所有情况下，都应该会有少量的水从容器中流出。这些水要么会被杯垫吸收，要么会沿着气球或者水球流出来。好，现在小心地松开手。水会被托在容器里！

这背后的原理是什么？

还是那句话：空气压力！不过这次可没那么简单……

由于所有版本的原理都是一样的，所以我们就假定先用科隆啤酒杯[1]来做这个实验。因为首先，作为一个在威斯特伐利亚生活过多年的人，我可以有信心地说，科隆啤酒很好喝。其次，因为玻璃杯是相对规则的圆柱形，这样就使对物理实验的观察更容易。在这里很感谢你，科隆！

关于实验：假设我们用水将玻璃杯装满，并在上面放一块啤酒杯垫。如果我们现在把杯子倒过来，啤酒杯垫就

---

〔1〕　科隆啤酒杯：一种比较高的透明玻璃啤酒杯。——译者注

会湿掉。杯垫会吸一点儿水，没错，杯垫本来也是干这个的。这意味着现在玻璃杯中的水比之前少了。如此看来，玻璃杯中的空气必须膨胀一些才能填上流出的那点儿水的空间。

如果空气膨胀，杯中的气压就会降低。假设一杯科隆啤酒中有 1000 个空气微粒（当然，实际上有比这多得多的微粒），这些微粒不断移动，并会反复不停地撞到杯壁上。这种碰撞就是气压。如果我们现在将 1000 个空气微粒转移到一个小麦啤酒杯中，它们就会有更大的空间，也就会形成更松散的分布。它们撞击玻璃杯壁的次数也减少了，这时气压就会下降。

读完上述内容，你就已经部分了解了波意耳 - 马略特定律！该定律指出，一种气体的压力和体积是成反比的。压力越大，气体的体积越小；压力越小，气体的体积越大。对于我们的啤酒杯来说，这意味着：如果我把 1000 个空气粒子装进一个两倍大的玻璃杯里，压力就会减小一半。不过前提是温度不变。因此，在做实验时，不能让水变热。

在孩子的幼儿园派对上，你也可以很好地应用波意耳 - 马略特定律。例如，如果你想计算一个氦气瓶可以填充多少个气球。材料商店的标准氦气瓶通常是 10 升的容积，并且瓶内气体的压力非常高，能达到 200 巴。而幼儿园外面的正常环境压力只有 1 巴左右，即使在气球中，压力也不会特别高。因此，气体从瓶子里出来时，突然感受到环境的压力只有之前的 1/200，它就会如波意耳－马略特定律所描述的那样发生变化：压力越低，体积越大。氦气会膨胀到原来体积的 200 倍。在拿来的储气瓶中，气体的体积只有 10 升，而现在气体的体积会增加到 2000 升。

一个普通气球的容积约为 10 升。因此，一瓶氦气储气瓶足够让 200 个孩子开心地拥有氦气球了！不过，作为一名经验丰富的常在幼儿园活动的老爸，我的建议是不能计算得太没有余量。我的经验告诉我，激动的家长们总会在充气过程中搞破几个气球。除此之外，你还必须计划拿出一些氦气作为纯损耗用，因为爸爸们喜欢吸入一些氦气，来把自己的声音变高……

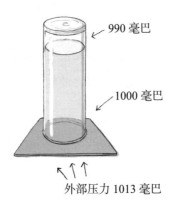

回到科隆玻璃杯的实验。我们测量过：在我们进行实验用的玻璃杯中，每次都有 1 毫升的水被吸入啤酒杯垫。所以玻璃杯中的气压大约会下降 23 毫巴（也就是从 1013

毫巴降至990毫巴)。

但是，在杯垫的底部，压力会稍大一些，因为杯中的水会压在杯垫上。压力的大小可以根据水的深度计算得出。这里使用了一个潜水的经验法则：在10米深的水下，潜水员感受到的水压为1巴（=1000毫巴）。如果10米水柱下等于1000毫巴的压力，那么在科隆玻璃杯中，10厘米就等同于10毫巴的压力。

玻璃杯底部的压力现在是1巴（990毫巴+10毫巴=1000毫巴，即1巴）。这个值也正好！因为玻璃杯外的气压更大，是1.013巴，这个气压足以支撑住杯垫，不让水倒出来了。

最后，给想和孩子们一起做实验的大人们一个小建议：你要确保杯子里有足够多的水。这样，在实验的最后，啤酒杯垫就不会那么容易脱落，例如当孩子不小心碰到了啤酒杯垫。虽然还是会有各种各样的麻烦，可这至少能防止你的厨房发大水。

真正的工作

我喜欢坐在面包店里写作，不过其实那里并不特别舒适。它不是时髦的咖啡馆，在咖啡馆，休闲人士戴着眼镜，敲击着笔记本电脑的键盘。而这是一家面包店，在这儿常常有一群老阿姨，她们聚在一起，相互诉说病情。店里的桌子上会有一些划伤的痕迹，背景音乐则是流行音乐电台。

我之所以喜欢坐在面包房，是因为这里有一扇能看到面包房内部的窗户。在收银台那儿，可以透过窗户看到里面的人是如何烤面包的。在离我两米远的地方，在玻璃的另一侧，一个满是文身的大个子正把小山一样的面团堆在一张金属桌上。他用一根像树一样粗的擀面杖擀着面，沾满面粉的围裙上写着"烘焙很酷"。

我坐在笔记本电脑前，不知怎么的，当有人在我身边工作的时候，我就感到安心。真正的工作。马库斯和我其实也在工作，不过在别人眼里看起来可能并不总是这样。

在幼儿园，露西被要求画一幅画，画出自己父母的工作。结果她画得相当抽象：两个小人手里拿着两根小棍子，站在一片五颜六色不知道是什么的东西中间。

"我的爸爸整天胡诌，做一些实验。"她是这么解释自己的画作的，"而妈妈一直在电脑上打字。"这听起来真不像是什么正经工作。

马库斯说："孩子们对我们所做的工作还不够了解。"第二天早上送露西去幼儿园，他没有在幼儿园门口和露西道别，而是径直进屋去找幼儿园女园长，向她提出了一个建议：他想每个月来一次幼儿园，和孩子们一起做实验。

第一次做实验，他只带了一公斤盐。孩子们把盐放入水中搅拌，直到盐溶解。

"看不见了！"一个穿着蜘蛛侠T恤的小男孩惊讶地小声说道。

然后，孩子们把一茶匙的盐水放在茶烛上加热，直到水蒸发，勺子里覆盖了一层白色的壳一样的东西。

"勺子上的白色是什么？"马库斯问。

"是糖！"穿蜘蛛侠衣服的小男孩喊道。

露西的朋友们现在知道了，她的爸爸是"做香料"的。

下一次赴约，马库斯带去了我们的起泡机[1]。"谁知道怎么用这个来熄灭蜡烛？"

"把水浇上去！"一个穿着印有《星球大战》主角达斯·维达的套头衫的小男孩喊道，也就是上次穿蜘蛛侠衣

---

〔1〕 起泡机：也可以称为气泡机，是用来在一般的饮用水中加压充气的家用设备。——译者注

服的那个男孩。马库斯拿来一个空水瓶，放在起泡机的下面，按下按钮。在一阵嘶嘶声后，马库斯把水瓶拿了出来，把它斜对着茶烛，茶烛熄灭了。

"噢！"小女孩们叫道。

"神力！"穿达斯·维达衣服的小男孩小声地说。

"这是通常喝的气泡水里的气体。"马库斯解释说，"它的名字叫二氧化碳，能熄灭蜡烛。蜡烛需要空气才能燃烧，而不是二氧化碳。"

"气化的可乐喝起来的味道还像可乐吗？"穿达斯·维达衣服的小男孩问道。马库斯摇了摇头。"它是凉的，摸摸看！"他按下按钮，孩子们把手放在冰凉的喷雾下。"气体是冷的，因为它在起泡机中被压缩成了子弹大小，而现在气体被很快放了出来。"马库斯解释道。

"那你能用它做冰淇淋吗？"一个穿着带独角兽图案的毛衣的女孩问道，"我妈妈在冰淇淋店工作。"

马库斯马上就明白了，在冰淇淋店工作总比从起泡机中打冷气要好。"好了，"他说，"你让我想到了一个主意……"

那天下午，马克西米利安来厨房，刚好看到马库斯和露西正拿着一只袜子对着倒放的起泡机。

"这可真恶心啊！"马克西米利安说道。

"不，其实很干净的，"马库斯辩解道，"另外，我们马上就能有自制的干冰了。"事实上，袜子上冒出很多的烟，这种效果非常好，一个月后他们还能去幼儿园里演示。不过在幼儿园用的是茶巾而不是袜子，当他们从起泡机中取出干冰的时候，孩子们对露西的爸爸又有了新的印象，露西的爸爸不止"会做香料"。

不过，这些当然都不如一个面包师的职业好。我的一位科学家朋友，在最近休育儿假的时间里，到村里的面包店去帮忙。那以后，她就成了女儿幼儿园里的明星妈妈。每天早上她女儿到了学校都会说："我今天买了一个面包，从我的妈妈那儿！"

实验：自制干冰

你需要：

- 起泡机（Sodastream 品牌的或类似厂家的，可以将装满自来水的瓶子拧入装置中的那种）
- 厚实的防寒手套（冬季手套或工作手套）
- 茶巾

安全贴士
请戴上手套，不要徒手接触干冰，会使手冻伤。

方法如下：

　　将起泡机内的二氧化碳气弹放入冰箱冷冻几小时，使其更容易产生干冰。将二氧化碳气弹拧入起泡机。戴上手套，将起泡机倒放，喷嘴朝上。将茶巾盖在喷嘴上，使其形成一个袋子的样子。一手握住喷嘴处的茶巾，另一手按下按钮，使得气体进入茶巾。过不了多久，茶巾中就会有第一块干冰。如果你想制作大量的干冰，继续按压，直到压力减小。现在展开茶巾，看看结果吧！

使用干冰的技巧

　　在详细介绍"冷却"的物理背景之前，我们当然要先玩一下干冰！你可以用它做出非常漂亮的东西。

干冰雾

　　一个精彩的经典实验：在一杯温水中放入一块干冰，于是干冰就会变成干冰雾。在温水的加热下，干冰果然名不虚传：它蒸发后不会变成液体，仍保持干燥的状态。物理学家称之为"升华"。观察干冰升华的最佳方法是将干冰浸入水中，观察气泡上升的情况。

干冰由二氧化碳组成。在气态时，它是无色透明的。雾的产生要归功于水。当干冰变成气体时，它会携带微小的水滴，这些水滴聚在一起，形成了雾，就像我们在剧院中看到的烟雾一样。

充气袋

将一块干冰装入冷冻袋中，尽量挤出空气，然后用橡皮筋或夹子将其夹紧。袋子会逐渐膨胀，越来越大，直到破裂。干冰会重新变成气态的二氧化碳。气态二氧化碳的体积是干冰的 860 倍。

干冰泡沫

在一个玻璃杯中，将温水与大量洗涤剂混合，然后将抹布浸入其中。再拿一个水杯，将干冰放入温水中。现在，拿起蘸有洗涤剂的抹布，在放有干冰的杯子的杯口上抹一层"肥皂膜"。这样你就把干冰雾给封起来了！随着干冰的不断升华，气泡会越来越大！此外，顺便说一下，它非常稳定，因为雾气中的二氧化碳非常湿润，可以防止"肥皂膜"表皮变干。

现在玩够了。让我们来了解一下物理背景。首先是一个最明显的问题：

我们为什么要倒置起泡机呢？

起泡机的气弹中含有二氧化碳（CO_2），其中大部分是液体。茶巾上的温度会变低，简单来说，就是因为接触到迅速膨胀的二氧化碳而冷却。在液态变为气态时，这种效果最明显。因此，我们必须确保液态的二氧化碳从起泡机中逸出。但如果我们正常使用它，当气态二氧化碳从喷嘴喷出，这时气弹的顶部是气体，底部是液体。如果把起泡机倒转过来，气体就会把液态二氧化碳推出喷嘴。就是这样！

这背后的原理是什么？

让我们试着揭开制作干冰的神秘面纱。我们可以将其分为三个阶段。

第 1 阶段：液态的二氧化碳变成气态

在液体中，分子粘连在一起，它们快乐地来回移动，速度虽略有不同，但始终保持着连接。二氧化碳是这样，水也是这样，例如我们运动时皮肤上产生的汗水。

为了蒸发，单个分子必须与其他伙伴分离。这对它们来说并不容易，因为需要消耗能量。毕竟，与伙伴一起坐在沙发上要比慢跑容易得多。汗液中的水分子只有在受到足够强大的推力时才能与同伴分离。然后，它就可以自由地朝着任何方向离开水，也就是进入空气中。在物理考试的时候，说"推力"这个词是不合适的，不过它却可以很清楚地表达这层意思：一个分子必须获得其他分子传递给它的足够的能量，才能脱离其他分子。

我们汗液分子的伙伴们现在正在筹集能量来推动它获得自由。如果这种能量现在还不足够，汗液分子们就更愿意"坐在沙发里"。汗液中的温度随着能量的损失会下降，我们知道，出汗能让我们感到凉爽。

回到二氧化碳：当二氧化碳在起泡机的喷嘴中蒸发时，会发生与皮肤出汗时相同的情况：液体会吸收热量。当然，由此产生的气态二氧化碳也会更冷[1]。

然而，这仍然不足以解释干冰是如何形成的。

第2阶段：气态的二氧化碳膨胀

现在，二氧化碳作为低温的气体从瓶子中溢出。它仍

---

[1] 在圣诞集市上，这种低温会成为丙烷气瓶的一个问题。丙烷在瓶中是液体，当它流出时就会蒸发。蒸发所需的热量则来自仍在瓶中的液态丙烷，因此，瓶子里的温度会变低。如果你是圣诞市场摊位的经营者，想要在寒冷的天气里煎出数以千计的土豆饼，那就需要大量的气体。因为丙烷蒸发得很快，而液化丙烷瓶里则会随之变得越来越冷，所以瓶子外面经常会结出真的冰霜。不过温度很低的丙烷则不会再那么好地蒸发，于是用来烧烤土豆饼的火就可能变弱。一些土豆煎饼摊主的解决办法是：使用除草燃烧器，从外面给液化丙烷瓶子加热。从物理角度讲，这是有道理的。但真的只是从物理角度来说，因为如果爆炸就会很糟糕，非常糟糕。

然受到压力，并想要进一步膨胀。在这个过程中，它进一步冷却。你可能会想，这是为什么呢，它毕竟已经自由了。

但事实上，二氧化碳分子之间仍存在一些相互的吸引。它们虽然呈电中性，但分子中的电荷却不完全平衡。在原子中，正电荷位于原子核，周围则是带负电荷的电子云，这些电子云一直不断地来回移动，由此产生的吸引力被称为范德华力。这不仅在液态的二氧化碳中确保了分子的内聚力，也帮助分子在气态中聚在一起。因此，化学家说二氧化碳不是一种"理想气体"。理想的气体，气体颗粒是均匀膨胀的。

但二氧化碳做不到，它必须克服剩余的吸引力。为此，它继续需要能量，而这些能量则来自二氧化碳自身。分子通过相互挤推来克服范德华力，在此过程中，它们不仅会失去能量，也会由此变得更冷。通过这种方式，二氧化碳的温度很容易就达到 -78.5℃，也就是它会变成固态的温度，也就是"凝华"。它就这样变成了干冰！

第 3 阶段：气体变成固体

因此，二氧化碳可以直接从气态变为固态，然后再变回气态。它不需要在两者转换之间变成液态。这听起来像是一种奇特的性质，但它在水中也普遍存在。冬天外头天寒地冻的时候，你把衣服晾在外面，它会变干。衣服中的水分会先结冰，而冰则会直接变成水蒸气，尽管速度很慢。这就是升华！相反的过程甚至更为常见：霜的形成不过是大气中的湿气凝华了，即空气中的水蒸气直接变成了冰。

茶巾围成的兜里究竟发生了什么？实际上，我们用它创造出一个空间，让冷气体不与周围的暖空气混合。因此，它很快就会达到 -78.5℃，此时二氧化碳会变成固体。在布的内部会形成第一粒凝固的二氧化碳，然后就会有越来越多的二氧化碳凝固，形成大量干冰。

对于你们中的专业人士来说，还有一个小细节：随着干冰的形成，二氧化碳的分子之间也产生了牢固的连结。一个分子与另一个分子会咔嚓一下结合在一起，给干冰的内部带来了运动，于是就有了能量和热量！这种能量被称为升华热。然而，它并不能阻止结冰过程，因为新的冷气会不断地流入干冰，使其冷却。

结论

最后，我们就得到了一堆雪一样的干冰，你可以戴上手套将它们捏成一个雪球。在我的实验中，我可以从一个冷冻过的二氧化碳气弹中生产出 45 克的干冰。在我看来，这个产量还不错。室温下的二氧化碳气弹只产生了 24 克干冰。所以，我们从中能学到什么？预冷一下二氧化碳气弹是值得的！

请勿悬挂在泳池边缘！

水下，男孩的眼睛睁得大大的，乌黑的头发像水草一样卷绕在他的头周围，他张着嘴巴，似乎想要喊出什么。一个男人的手臂将他按到了池底。

"嘿，住手！"

救生员跳下白色的塑料椅，向马库斯跑去，他的塑料拖鞋啪嗒啪嗒地拍在湿答答的瓷砖上。他一把抓住了马库斯的胳膊，把他拉开，然后在马克西米利安旁边的泳池边跪了下来，马克西米利安则咳嗽着浮出水面。

救生员问道："你还好吗？"

马克西米利安又咳嗽了一声，吸了一口气，然后大叫道："你怎么放手了，爸爸？我差点就成功了。"

马库斯朝救生员的方向示意了一下，翻了个白眼。

"孩子，"救生员摸着胡子认真地说道，"你爸爸想淹死你！"

令他惊讶的是，眼前的这个"受害者"开始大笑起来。而"行凶者"也咧嘴笑了起来。

这时，从另一头的浅水池那边，走过来一个双臂上套着充气游泳圈的小女孩，说道："爸爸，你也能把我按到水底下吗？"

救生员开始没法理解这里到底发生了什么。他整理了一下他的白色 Polo 衫，说道："去我的房间，全部的人。"

马库斯叹了口气。那个留着八字胡的救生员管着我们这个地区的游泳池，已经有几十年了。这是他的泳池，得按照他的规矩来。墙壁上挂着泳池管理员的塑封照片，还用醒目的大字写着："正确堆放游泳泡沫棒的方法如下"，以及"请把拖鞋一双一双地整齐地放在泳池边"。马库斯能做好很多事情，除了摆放整齐这件事。因此，他已经和泳池管理员发生过一两次冲突了。

"游泳池纳粹分子。"马库斯会在回家的路上这么叫他。

现在，马库斯、马克西米利安和露西一字排开坐在救生沙发上，试图向"游泳池纳粹"解释，在他的游泳池里可以做有趣的实验：空气环——它可以如此稳定，以至于在水中滑行数米。"那个看起来真的非常神奇。"马库斯肯定地说，"真的，从物理角度来说，真的非常有趣。"你只需设法静静地在池底躺几秒钟，然后用嘴排出空气。

马库斯解释说："我总是把脚放在泳池的下水阶梯的下面，或者把脚放在泳池边缘上，然后让上半身向后躺入水中。但孩子们还做不到这一点。所以说，我得帮助他们一下。"

救生员捋着他的八字胡。他盯着挂在墙上的游泳规则。在水下吹空气圈，违反游泳规则吗？遗憾的是，他想不出有什么规则规定这个疯狂的举动是被禁止的。他既没有不洗澡就下水，也没有吃得太饱来下水。他也没有穿着内衣游泳。"嗯，"救生员说，"如果你非这么做不可，那你可以继续。"

越过报纸的边缘，救生员看着马库斯和孩子们把脚放在泳池边缘，上半身悬在水下。"咕噜咕噜"的一声声，一个又一个空气圈浮出水面。救生员拍了一张照片。用这张照片，他会制作一个新的禁令标志，然后把它挂在"请勿从池边跳下"的标牌旁边，并写上"请勿悬在泳池边缘"。

在新标志挂起来前，马库斯和孩子们已经开始了他们的创新。他们发现，用一个一次性的薄塑料水瓶，可以弄出更加稳定的、能在水中移动数米的空气环。这样一来，人甚至都不需要挂在泳池边。

晚上，游泳结束后，马库斯和其他25位父母亲一起蜷坐在孩子们的小椅子上，终于，两个小时的家长会结束了。老师脸上洋溢着笑容说道："现在，我们只剩最后一件事情，麻烦大家为学校校庆的游戏展台想一个好玩的游戏点子。"

26位家长都埋坐在孩子们的椅子上，一言不发。老师一个一个地朝家长看去。当她看到马库斯的时候，顿时，脸上露出了笑容。

"韦伯先生肯定有什么办法！比如，一个实验！"马库斯的眼睛依然因为泳池的氯气而充着血。这个夜晚是漫长的，他想回家。"好吧。"他顺从地答应。

就这样，四周后，旋涡圆环在陆地上庆祝了它的首次亮相。孩子们排着队，尝试用一个瓶子来吹灭蜡烛，或者用一个底部有洞、顶部有薄膜的水桶，来击倒用很多纸杯搭起的金字塔。排在队伍最后面的，是一个穿着Polo衫、留着小胡子的男人——穿着长裤的他，让马库斯几乎认不出来。没错，就是他，泳池救生员。

轮到他和他的孙子时，男孩敲了一下瓶子，一个无形的旋涡环将蜡烛吹灭了，把那孩子开心的。

"你得去我的游泳池玩这个，"救生员对他的孙子说，"你甚至可以在水里看到这个旋涡环，那看起来简直棒极了。"

实验：游泳池里的旋涡圈

我必须承认：我是各种旋涡的忠实粉丝。水中的、空中的、有颜色的、看不见的，或者带雾的，简直太美了！

你需要：

- 一些空气
- 一副泳镜
- 一个一次性PET瓶

- 一个盘子

方法如下：

选择 1

接下来，你将要尝试的事情一定会让你激动不已！我们的目标是，躺在游泳池底，然后向上吹出旋涡圈。想要成功做到这一点，首先要戴上泳镜，然后找到进入泳池的一个梯子。

努力使得肺部充满空气，然后爬下入水梯，尽量躺在泳池的底部，用一只手捏住鼻子，另一只手抓住梯子，以免浮起来。现在，将头置于水平位置，然后用力"噗"出去！（也可以做几次，如果庆幸你还有气的话）。稍加练习，你就能用气泡弄出一个旋涡圈，它会慢慢地、雄伟壮丽地浮出水面。我只能一次又一次地感叹，这些旋涡真的是我的最爱，现在我的孩子们也学会了怎么在水里弄出旋涡圈。

你还可以试试其他各种变化：比如，气少一点的时候旋涡圈就小一点，当然，气多一点的时候旋涡圈就会粗一点。另外，你也可以试试，让一个圈从另一个圈中穿过，超过上一个圈。甚至还可以用旋涡圈来运送东西：让人在旋涡圈附近的水中放一个塑料瓶盖，塑料瓶盖会围绕旋涡旋转，并被旋涡圈带上来！

选择 2

将一个盘子半浸入水中，用盘子将水慢慢推向前方，大约推 20 厘米。迅速但小心地将盘子抽出：水面上会形成两个小旋涡，相距约一个盘子的直径，它们在水中平行旋转，非常稳定。当阳光从侧面照在水面上时，这些旋涡的效果尤为明显，这时你可以在水底看到旋涡扭曲变形的影子。

有趣的是，这种旋涡现象与嘴巴吐出的旋涡几乎是一样的，只不过这里，它隐藏了半个旋涡圈在水面之下。如果拿食物色素放进去，或滴一些浴汤颜色剂到两个旋涡中，它们就会显现出来。旋涡会带着颜色，以半圆形穿过水池。当然，这样的话，就最好在浴缸里做这个实验，而不是在公共游泳池里。

或者，在喝咖啡或茶时，将小勺子浸入杯中一半的位置，然后向前推一小段距离。当你小心翼翼地把勺子拔出来时，应该会在上面形成两个小旋涡。下次在咖啡馆聚会时，你可以向朋友们展示这一招，他们一定会兴奋不已，当然也可能会说你真是疯了。

选择3

如果你能在游泳池里进行以下实验，那你就有可能被认为是个"疯子"。（当然，你并不会因此而受太大的影响，毕竟你已肩负了科学实践的使命！）

取一个大塑料瓶，将其装满水。现在将瓶子水平放在你力气比较小的那只手上，然后用拳头从上往下对着瓶子猛敲一下。瓶口前方会吐出一个旋涡圈，它在水下会以相当快的速度扩散开来。你看不到它，但你能感觉到它。每打一下，我的小女儿都会特别激动地欢呼一下，因为这让她很兴奋。

现在，你可以尝试在水下向其他泳者"射击"，或者也可以弄出一些看不见的空气旋涡圈来增加这个实验的乐趣。你可以请某人帮忙，用手用力地去拍打水面，这样就可以使一些气泡进入水中。如果你已经对一切都很娴熟了，气泡可以在水下，在你的瓶子的射击范围内停留几秒钟。现在，发射旋涡圈。旋涡圈会将气泡吸入，并继续水平向前扩散。这样的效果可以持续数米。第一次观察到这种现象的时候，连我自己都不敢相信！

当然，还不止这些！充满空气的旋涡圈还可以在碰到水面的时候向下反弹。通过气泡发射旋涡圈，以较平的角度射向水面，有时小旋涡在到达水面后，会直接反弹下来。

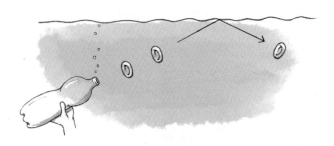

或者，你也可以用水旋涡试试，做同样的实验。可能会有几次成功的机会，水旋涡会在水面上被"加油"，然后变成空气旋涡反弹回来，继续在水下扩散。是不是很神奇？我也想这么说！

实验：在家自制空气旋涡圈

你需要：

- 一个纸箱
- 包裹胶带

- 一把剪刀或一把小刀
- 一个大垃圾袋
- 一个盘子，一个咖啡碟或者其他圆盘形的东西
- 一支笔

如果你想让旋涡圈清晰可见，可以准备：

- 一个简易的造雾机（价格可能在 30 ～ 40 欧元）

方法如下：

用胶带将箱子的所有边缘粘牢，做到一定程度的密封。在箱子密封得最好的一面为你的旋涡圈裁出一个圆形的孔。孔越小，就越容易成功，孔越大，对旋涡圈的影响就越大。作为起步的实验来说，建议孔的直径可以约等于较短一边的边长的 1/3。

现在剪下与孔相对的一面的纸板。将垃圾袋拉成一个金字塔形，然后用胶带把垃圾袋粘在这一侧纸箱的边缘，并保持密封。

现在准备就绪！用手捏住金字塔的顶部，稍稍向后拉，然后将其快速推入纸箱，从对面的小孔里就会溢出一个旋涡圈来。你可以让它对着窗帘，使窗帘在旋涡圈的作用下摆动。或者也可以用一些纸杯搭成金字塔状，然后尝试用旋涡圈把纸杯射倒！如果你想做得更专业一点，可以给旋涡圈配上雾气。比如可以在纸箱里放一个简易的喷雾机，使雾气充满纸箱。

这背后的原理是什么？

电视上偶尔会有这样的说法：旋涡圈的传播方式与声波类似。这是不正确的。旋涡圈是运动的空气形成的一个稳定的环，这与声波毫无关系。在旋涡圈中，物质（例如雾气或者一些微小的尘埃颗粒）能够在空间发生真实移动，而在声波中则不会发生这种情况。

就拿我们制作旋涡圈的纸箱或者纸盒来说吧：当你从后面将薄膜推压进去时，空气就会从前面的开口处被挤出。这些空气具有很大的动量，显然要比盒子前面静止的空气大得多。它的样子就像是一个赶时间的非常着急的旅客，奔跑着穿过车站的大厅，而周围则都只是站着的人。如果这个赶时间的旅客不小心用肩膀轻轻蹭了一下正站着等待的人，则可以想象，两个人都会朝两边转起圈来。流出的空气也是如此。从物理角度讲，在这个过程中产生了角动量。

老实说，我真的觉得旋涡能长时间保持稳定非常神奇。你可以很轻松地弄出能维持 10 秒的旋涡圈。而一个巨大的旋涡圈，比如有时在火山上形成的旋涡，可以持续数分钟。这种稳定是有原因的：旋涡的形状就像一个女生绑头发的环状头绳（数学家们称这种结构为环形曲面）。它在空气中滚动，因为其极低的摩擦力几乎不会减速。同理，在水中也是如此。

可是，空气在水中应该向上升起，这样的话，旋涡应该被破坏，不是吗？并不是这样。气泡在水中向上升起是因为气泡下方的压力略高于上方的压力，所以气泡被向上推，这就是上升力。而在旋涡中，其他压力关系（压力比）占据了主导地位：外侧压力高，内侧压力低。如果这时，一个旋涡圈遇到了一个气泡，外侧较大的压力会将气泡推向旋涡中心。只要旋涡足够强烈地转动，气泡就会被捕获。它只是刚好带上了气泡。

在科学节目中，旋涡或者说涡流可能带来令人惊叹的效果，不过在航空领域，涡流却是一个很严肃的问题。飞机通过机翼向下推动空气而产生升力，这些空气运动的速度明显快于周围的空气，它们就是我们之前说的那位赶时间的旅客，不小心肩膀碰到了正在等待的其他旅客。在机翼的末端产生了角动量，飞机会在身后留下尾流涡旋。这些涡流是造成机场附近房屋屋顶的瓦片被反复掀起的原因。此外，尾流涡旋也会对跟在后面的飞机造成危险。如果你想驾驶你的小型飞机在空客 A380 后起飞，那建议你至少等待 3 分钟。因为你现在已经知道：涡流是一种稳定的状态。

涡流环也会给直升机带来致命的后果。如果直升机开始的时候在原地盘旋,然后以很快的速度下降,在旋翼末端的周围就会形成一个封闭的涡核。升力会因此减小,而直升机会迅速下沉。飞行员如果想避免这个情况,自救一下,可以在下降的时候稍稍向前飞一点,打散涡流。

不过上述这些都是人为的问题。在自然界里,比如海豚,就能在水下充满艺术感地玩耍充满空气的旋涡圈。海豹甚至可以利用旋涡的稳定性来捕猎:海豹胡须的感应能力是猫的 10 倍,在灵敏的胡须的帮助下,海豹可以跟踪鱼在水中产生的最小的旋涡,即使这些猎物距离它有 40 米远。海豹能跟踪一艘小型潜艇,就证明了这一点。为此,研究人员还给海豹戴上了耳机和面罩,来防止海豹在实验中作弊。因为你知道,通常情况下,海豹会使用身上所有的感觉器官去追踪食物。

最庄严的成人礼

尤利娅整了整成人礼的衣服，翻了个白眼。"爸爸！"
她大声说道，"别闹了！"

"可这听起来真的非常有趣。"马库斯低声回应道。他
用勺子轻轻敲击着白金色的咖啡杯。多精美的瓷器啊！颜
色还完美地和餐厅桌布互相呼应。叮叮当，这敲击声，清
脆而透亮。在铺着白色桌布的餐桌周围，大家慢慢安静下
来。正在餐巾上摆放用来吃蛋糕的小叉子的爷爷、奶奶和
教母们，向马库斯投去期待的目光。

受礼人的脸涨得通红："爸爸只是在尝试一个实验。大
家可以继续用餐。"

"我还以为他要发表演讲呢。"彼得叔叔在角落里说道。
他摸了摸肚子，然后咧嘴一笑，"发表演讲的时候不就是
先敲杯子吗？"

马库斯也看着他笑起来。"不，不是那个意思。不过，
你们知道吗，当你敲击咖啡杯不同位置的时候，发出的声
音是不一样的。"他先敲了敲咖啡杯手柄上方的边缘，然
后往左几厘米又敲了敲。第一次，杯子发出了清亮的叮当
声，而之后的那个声音则更清亮了。"正好在这里，离把
手45°的地方，音色就会改变。"

受礼人扬起了眉毛。"不错，爸爸。现在，我们都想知道这到底是怎么回事。"

大人们又开始继续低声交谈。尤利娅则和她的朋友开始窃窃私语，讨论谁的父亲更令人尴尬。

"我也要来试一试！"

那位最年轻的客人，拉塞，拿起了小蛋糕叉，铿铿敲起了他的芬达玻璃杯。"啪嗒"一声，杯子倒了，杯中的芬达流到了桌布上，打翻的饮料绕着装饰花束流了一圈，留下一片鲜黄色的印记。一时间大家有点慌乱，够得到纸巾的人，赶紧把纸巾丢到那片芬达里。拉塞哭了起来，他的母亲也开始责怪他。

"你需要的是一个咖啡杯，而不是玻璃杯。"马库斯则不慌不忙，在大家手忙脚乱之后，他和拉塞说道，"我敲的时候，前后音色有所不同，那是因为杯子上有手柄。"

"妈妈，我能喝杯热可可吗，用咖啡杯装的热可可？"拉塞问道。几秒钟后，在咖啡桌那儿就叮叮当、当当叮地响起了咖啡杯的"交响乐"。不管是谁，只要能有一把小勺子，就会用勺子去敲自己的杯子，叮叮当当当，叮叮叮，这下，谁还能听到别人和自己的声音呢？

只有受礼人没有参与，她僵在那儿，一动不动。她弯下腰，靠向马库斯，说道："真感谢你，老爸。你做得太好了。这就是我想要的一个普通的成人礼，特别有秩序，没有混乱。"

马库斯看着他伤心的女儿。然后他站起来,举起了他的杯子。他拿起勺子,开始敲击杯子,这次,只传来一个持续反复的声音,极具穿透力。他一直敲着,直到所有人都向他投来注视的目光。"好了,亲爱的们,我想大家今天应该敲够了!谁如果还想再试一试,那就真的需要发表演讲了,来聊一聊我出色的女儿!"

话音刚落,餐桌上就响起掌声。尤利娅脸红了,不过眼神却亮了起来。

没等一分钟,就真的听到有人用勺子"叮"的一声敲了杯子。"我想给大家讲一讲!"尤利娅的教父喊道,"致这个世上最棒的孩子,她现在已经长大了,足以让她的父亲为自己感到尴尬了。在她成人的道路上已经没有障碍了!"这下尤利娅开心了。

露西轻轻敲了一下酒杯,说道:"我现在可以发言吗?"

"当然!"

露西特骄傲但又有点难为情地站了起来。"女士们,先生们,我要在这里发表一个演讲……爸爸,演讲,是要讲什么?"

"你可以说一些关于你姐姐的事。"

露西想了想说:"好吧,尤利娅,真心祝福你的成人礼!"一阵笑声和一阵掌声中,她又坐到了椅子上。

"现在轮到我了!"拉塞敲着盛可可的杯子喊道,"一个演讲!"他站起来,越过桌面没多高,探出脑袋,极其隆重地深吸了一口气："你的生活将高高在上，那么高，贴到天花板。"

用勺子敲打了几下玻璃杯，爷爷再次引来大家的注意力："孩子们，亲爱的，我来给你们演示一下，什么是真正的演讲……"然后他就开始为他的孙女致赞美词，这赞美真是无与伦比，说得马库斯都开始找手帕。马库斯抱住女儿，在她耳边说："由衷地顺便说一下：如果你有兴趣的话，我可以给你展示一个超级棒的实验——卡布奇诺效应——当你多搅拌卡布奇诺一段时间，然后用勺子敲杯底，声音会不停改变。"不过他说得特别小声，除了尤利娅应该没人能听到。

实验：多声部的咖啡杯

你需要：

- 一只带柄咖啡杯或茶杯
- 一个茶匙

方法如下：

用勺子轻轻敲击咖啡杯边缘，解锁咖啡杯能发出的不同音色。如何敲击出不同的音高呢？沿着杯口，想象就像切蛋糕一样，将杯子分成 8 个部分。没错，这是我们享用咖啡时可以做的实验。每一小块大约是 45°，也就是整个杯沿的 1/8。

　　现在请你用勺子在杯柄的正对面敲击杯沿。然后，转过 45° 角，也就是大约一块蛋糕的位置，再敲击几下杯口。后面的音调是不是应该稍高一些？如果你再转过去一个角度，也就是再转一块蛋糕的位置，音调又变低了。像这样绕着杯子走一圈，每移动一个 45°，音高都会发生变化，声音一会儿高一会儿低。这种效果的强弱，取决于咖啡杯或者咖啡碟本身。在我所有的物理工作者生涯中，包括所有的聚会及邀请，我几乎从来没发现过一个杯子，在它的身上这不起作用。

这背后的原理是什么?

　　一只咖啡杯背后可蕴含着不少的物理学原理呢！当你敲击杯子的时候，杯壁上就会产生驻波。驻波当中有一个与其自身传输方向相反的波，它可以描述弹拨吉他时吉他弦振动的样子。咖啡杯驻波的形状格外漂亮：想象你面前有一个呼啦圈，抓住它的两边，然后反复挤压和拉开这个呼啦圈。这种来回的摆动正是咖啡杯上缘的震动被放大后的样子。

我曾经试过用我的高音来爆破一个酒杯，就像在漫画里看到的那样。不过没有成功，所以现在你看到的书中并没有这个实验。但其实这是可能的，只要频率合适。如果是一个合适的音高，你甚至都能看到（需要在相应的拍摄技术下）这些在玻璃杯壁上的驻波，它们和我们在咖啡杯上制造出的驻波一模一样。在一些特定的区域里，波总是向内和向外振动，我们称它们为"振动腹"。在这之外，在一些特定的区域内，在振动腹之间还有一些保持静止不动的区域，这些静止的点则被称为振动节点。

每个物体在受到撞击后都会产生一定频率的振动。而振动频率的高低，也就是被撞击后发出的声音的高低，则取决于物体的形状和材料。例如，意式咖啡杯的声音要比大号红酒杯的声音高得多，小提琴上细弦的声音要比低音提琴上粗弦的声音高得多。不过，这些东西都保持着一个固定的音高，当你重复敲击它们时，每一次音调都不会改变。这是物体的"固有属性"。因此，这种音调被称为自然频率，或者说固有频率。

不过，每个物体并非只有一种自然频率。就简单的乐器如振动的琴弦而言，除了正常的音高之外，还有许多其他的自然频率，即所谓的泛音。吉他手和小提琴手都很了解这些泛音，因为在琴弦上可以直接演奏它们。如果将手指轻轻放在琴弦的中间位置并同时轻轻拨弹琴弦，你就能听到一个相比于基音约高一倍的音调。这时，在这根琴弦上产生了两个恰好被振动节点分隔开的振动腹，而琴弦的中间（手指按住的位置）正是这个振动节点的位置。

当你弹拨琴弦的时候，听到的永远不可能只有基音，因为总会有泛音与之共鸣。那样可能会有各种声音混杂在一起。而事实上，泛音的振动频率总是基音的倍数，所以它们听起来总是比较和谐的。

对于更复杂一些的物体来说，例如一个打击乐器的表面，情况就不同了。在这些物体上，泛音的频率并不总是基音频率的倍数。这就是为什么鼓筒无法发出一个真正纯净的音调的原因。所以当键盘手变调时，合奏的打击乐器并不需要变调。

从数学和物理的角度来看，咖啡杯则是鼓面的加强版。它的自然频率只能通过复杂的模拟计算得出。在这个问题上，可能可以更好地检验我们之前所做的敲咖啡杯实验。

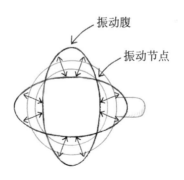

在杯沿上，振动形成了四个振动腹，每个振动腹互相呈 90°。杯壁会在这些点上振动。在振动腹之间有四个振

动节点，杯壁在这些节点上则不会振动。如果在手柄正对的位置上敲击，杯子就会发出低沉的音调。重要的是，手柄位于一个振动腹的中间，并且与之一起大幅度地振动。从物理的角度来讲，杯柄只能作为一个配重块来看，它使整个系统的振动更加迟钝，也使杯子的振动更加缓慢。缓慢的振动当然使得杯子发出的音调更加低沉。

现在，在偏移正好 45° 的位置再敲击一下杯子。此时，杯柄恰好落到了两个振动腹之间的振动节点上，而振动节点不会振动。于是，整个系统的反应则不会因为杯柄而迟钝，振动速度也比之前更快了。嗒嗒，音调听起来就——更高了！

如果你敲击的位置正好在上面两个位置的中间，你会得到同样干净的音调，你听到的不是这两个地方之间的音高，而是两个固有频率的叠加。在物理上，这被称为"差频"；在听觉上，它更像是"铛铛"声。

一个物体可以拥有一系列可被激发的固有频率。你可以试一试金属栏杆、木杆、自行车、汽车……你撞击的位置不同，物体产生的频率也会不同。不过小心可别损害了公物，让它们发出警报声，那样的尝试倒也不必。

对固有频率的了解不止可以帮助你知道如何让其发出美妙的声音。汽车的设计者同样用它来避免排气管发出嘎嘎声。如果轮胎的滚动频率与排气管部件的固有频率一致，就会出现这种情况。这样，排气管就会在某一速度下开始发出响声。再比如，如果飞机的机翼构造不佳，一旦机翼开始扇动，有节奏的偏流空气就会确保这种效果不断增强。

利用固有频率和阻尼的知识可以帮助我们避免这种情况。当然，如果你开始喝卡布奇诺而不是过滤咖啡，对于你的多音调的咖啡杯也有同样效果。泡沫会在你享受振动音效之前迅速破坏咖啡杯的自然振动。

最后，再给大家普及一下有关自然频率的小知识：固有频率中的"固有"，可以理解为物体的固有特征，"特征"一词是由杰出的数学家大卫·希尔伯特（David Hilbert）创造的。他的"特征函数"不仅适用于乐器的弦，也适用于原子中的电子云。希尔伯特的概念非常成功，全世界的科学家说到"特征函数""特征频率"和"特征值"时，用的都是英语的同一个词。不过可惜的是，他们还不知道"特征咖啡杯"。

令人毛骨悚然的修鞋匠和梅西花店

商店的门铃响了。

"请问您需要什么？"一个声音从店里一个昏暗的角落传来。接着，一位鞋匠啪嗒啪嗒地拖着步子走了过来，他身材高大，笑容可掬，牙齿稀疏，趿着一双又破旧又油腻的拖鞋。

露西害羞地向他伸出自己的鞋子：那双她最爱的红色的皮鞋，因为撞到了轮子上，鞋底从前面脱开了。

修鞋匠拿起她的皮鞋，放在店中央一个像棺材一样大小的大鱼缸的灯光下，检查起来。这是这个房间里唯一的光源。鱼缸里一条鱼也没有；也或许是没法看到鱼，因为鱼缸里的水是绿色的。怎么说呢，至少水面上根本没有鱼在游。

"想要完全和新的一样？"修鞋匠问，然后把鞋子放在鱼缸旁堆得像小山一样的靴子和休闲鞋上。鞋子已经堆到了他屁股的高度。

一周以后，我们去取了鞋子。它们被修好了，看起来像新的一样。

"令人毛骨悚然的修鞋匠"是露西对这位大个子的尊称。而这位令人毛骨悚然的修鞋匠是个修补东西的天才。

他乐意修补东西，而不是把它们扔掉。这与马库斯的生活态度不谋而合，他的座右铭是："我修不好的东西，我不会弄坏。"露西特别清楚，爸爸会拯救每一支从双层床上掉下来的、听起来像摇鼓的手电筒。

她把这称之为"爸爸修东西"：比如惊喜蛋中抽到的无头怪兽、破损的小圆后视镜。凡是弄破了的东西都会被堆在客厅里"爸爸要修的"那堆东西上。糟糕的时候，东西会堆得像修鞋匠那儿的鞋一样高。

只有一家店，露西还喜欢去一些：梅西花店，也许是这个世界上最乱的花店了。在销售间里，花束和花瓶胡乱地摆放着。地上满是泥泞的脚印，因为梅西花店就在墓地公园的旁边。墙上的货架看起来似乎是靠里头放的东西支撑起来的：比如皱巴巴的纸箱、旧的价格标签，还有一些装饰品和烛台。透过一扇破损的折叠门，可以瞥到花店里的办公室，在一大堆纸中间放着一把办公椅。

店主就像沙漠中开出的花朵，在这乱七八糟的一堆杂乱之中仍然热情洋溢。她卖的花都非常迷人。我们进门时，她刚好在将玫瑰花插进一个高玻璃瓶里。就像魔术师变魔术那样，她将第一朵玫瑰花放了进去，玫瑰花就像蜡烛一样直直地立在玻璃杯的中央，尽管杯中除了水没有其他东西了！第二朵玫瑰则斜插在它旁边，仿佛它有肌肉似的能保持自身的平衡。

"这是怎么一回事？"露西低声问我。

"去问爸爸。"我低声回道。

我们没有问马库斯，最后还是问了店里的那位女士。

"这是我的魔术。"她一边说，一边把手伸进花瓶，拿出一把滑溜溜的小球。它们就像浴球一样，只不过是透明的。她把这些球又放了回去，透明小球滑进水里，然后就看不见了。"花瓶底部装满了这些透明小球，而花就插在它们中间。很棒，不是吗？"

确实如此。"我们可以用这个糊弄爸爸。"露西立刻想到。"我们能向你买一些吗？"

当然，这小球人家不卖。不过，露西得到了一把透明小球作为礼物。她把小球像宝贝一样带回了家。只有少数几个透明小球掉了，滚到了墓地公园的泥地里。回到家里，那些小球就被露西放在了"爸爸要修的"那一大堆东西上头。

实验：隐形凝胶球

这是一个与狗和蚂蚁有关的神奇实验，令人叹为观止。

你需要：

- 一包水珍珠（也可以叫凝胶珍珠），最好是无色的。另外，你也可以购买那种浸泡在水中几小时后，会膨胀成水珠的珠子

- 一个大玻璃杯或玻璃壶

- 水

方法如下：

在玻璃杯（或壶）中装入一半的水珍珠。倒一些水在它们上面，水珍珠就会消失不见！让一个不知道里面放了东西的人，把手伸进杯子或壶里，他一定会惊讶地发现，水中居然还有东西！

破解之法

你需要：

- 水珍珠

- 一个玻璃的烘培盘

- 带有标签或者照片的一张纸

- 水

方法如下：

将烘焙盘放在纸上或照片上，然后将尽可能多的水珍珠装入其中，直到看不到图案为止。不过，最好在盘子上边留出一点空间。现在向容器中注水，一切就会清晰地在你眼前呈现！

这背后的原理是什么？

在介绍水珍珠的光学特性之前，必须先弄清楚水珍珠究竟是由什么构成的。答案是：99% 以上都是由水组成的。水分被一种名叫超级吸水剂的高吸水性物质吸附。由于超级吸水材料的惊人吸水性，它也被用于制作婴儿的尿布。

它由长长的分子链组成，能够吸附大量的水分。

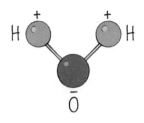

为什么在水分子身上会发生这种情况呢？水分子（化学式为 H_2O）呈一个 V 字形：氧原子位于底部的顶端，两个氢原子则位于顶部的两侧。氧原子对电子的吸引力比氢原子大。因此，氧原子所在的 V 字形的底部带负电荷，顶部两个氢原子的所在之处则带正电荷。因此，水分子中存在两种完全不同的电荷！这种类型的电荷分布被称为极性，它赋予水各种不同的惊人特性，包括与超级吸水体结合的能力。

超级吸水材料中其实也有不同的电荷。在水珍珠中则用的是超级吸附剂聚丙烯酸钠，其中钠离子沿着分子链反复连接。这些钠离子带正电荷，会吸引水分子的负极。

超级吸附材料的第二个重要特性是单个分子链之间相互交织成网。它们不会在水中自由移动，而只能或多或少地形成稳定的团状物。如果将一块尿布从中间切开（请注意是没有用过的尿布！），可以看到里面都是超强吸水剂的粉末，你可以把它们倒出来，在上面洒一点水，就可以让单个的超级吸水材料变成一个个小"水晶"。

分子链的网状结构可以根据不同的应用情景进行不同的设计。如果是凝胶球，则分子链的网状结构会形成圆形。而在婴儿尿布里，球状显然是不理想的，所以网状结构会被排列得尽可能使容量达到最大。

为什么凝胶球在水中会隐形？

简单回答就是：因为它们主要由水组成，而在水中的水自然是无法被区分的。这似乎很合乎逻辑，但其实被高度简化了。

实际上这个实验中最重要的是，光以多快的速度通过这个透光材料。当没有任何东西阻挡光时，即在真空中，光的传播速度最快。在这种情况下，精确的光速[1]是299792.458千米/秒。而空气中的光走相同的距离需要的时间则要长0.03%。在水中通过同样距离的时间甚至要比在真空中长1/3。

为了不必处理复杂的百分比，物理中使用"折射率"来描述光在一种材料中穿过时，与在真空中相比的相对速度。在真空中，折射率为1，在空气中为1.0003，在水中则为1.33。光在钻石（金刚石）中的传播速度非常慢，其折射率

---

[1] 这里的"精确"指的是准确的光速。过去，人们曾试图越来越精确地测量光速，在1983年，人们则根据当时最精确的测量值定义了光速。与此同时，长度单位"米"则被重新定义。自1983年起，"米"的长度不再由氪分子某一波长的倍数来确定，甚至在1960年之前，不再由原始米的长度来确定。如今，1米是光在1/299792458秒内传播的距离。

约为 2.4。当然，钻石中的光并不是真的很慢，不过光线会被钻石中的原子散射。也就是说，光线会一次又一次地被吸收并发射出去，因此光线穿过钻石所需的时间会更长。

折射——光线在折射时弯曲

你现在可能会说：我可不在乎光要花多长时间才会照到我的身上，但其实事情并非如此简单。因为每当光线从一种介质斜着射入另一种介质时，它就会弯曲。光改变了传播方向。从直觉上来说，每个人都知道这一点，否则凸面镜和凹面镜就不会起作用。我们都知道，在水中站立的人，腿看起来会很短，这正是因为光在水中的传播路径与在空气中不同。

想要解释光的这种弯曲现象，我们可以在两种材料之间的过渡区域取一极小部分来观察光束。假设，我们可以在空气和水之间放一层不透明的箔片。然后，我们在箔片上戳一个小孔。这个小孔的直径必须小于光的波长，即大约 0.1 微米。

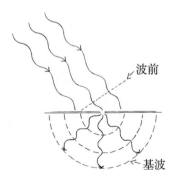

波前

基波

当波前到达小孔时，大部分光线会从箔片上被反射出去。只有非常小的一部分会穿过小孔。在水中，这一小部分光不会再沿着它来时的方向传播，而是会在小孔周围呈半圆形围绕其扩散，并且速度非常快，以其能在水中达到的最高速度扩散。这看起来就像是从我们的小孔中发出了一道光波。这种波被称为基波。

想象一下，现在这层箔片上有非常多的小孔，多到已经和没有箔片一样。当光线传播过来时，它在每个点的后面呈半圆形散开。无数的光波重叠在一起，就会产生一种奇妙的秩序：如果两个波峰相遇，就会相互放大，而如果一个波峰和一个波谷相遇，它们就会相互抵消。就这样，半圆形的波浪重叠在一起，形成了一个新的波阵面。形成的光波与之前的光波角度不同，不过依然整齐划一。

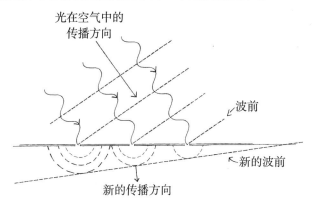

因此，光线在两种介质之间的界面上发生偏转（物理学家称之为"折射"）的角度是可以计算出来的。这是由

荷兰天文学家兼数学家维尔布罗德·范·罗伊恩·斯涅尔（Willebrord van Roijen Snell）于1621年发现的。他在斯涅尔折射定律[1]中指出，垂直射入水中的光线会继续向前直射，而当光线以较小角度射入水中时，光线则会以更小的角度继续传播。

折射定律是一项重要的发现，不过不得不承认，它的公式略显笨拙。幸运的是，从物理角度，人们往往可以从多个侧面来观察事实的真相。在折射率这件事上，通过一些数学技巧就可以发现，从中可以推导出一个非常简单的原理，也就是费马原理：

光束总是寻找最快的传播路径。

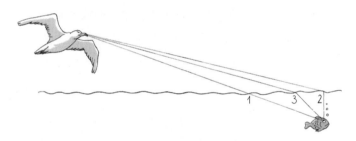

让我们来比较一下三种可能的光束路径，例如从水中的鱼到空中海鸥的眼中。

---

[1] 即 $n_1 \sin(\delta_1) = n_2 \sin(\delta_2)$，其中 n_1 和 n_2 分别为第一和第二介质的折射率，δ_1 和 δ_2 分别为入射光和出射光与垂直于两介质间平面的轴线的夹角。

1. 从 A 到 B 的直线路径 1：这条路径虽然最短，但光束必须在水中经过一段较长的距离，而光在水中的速度比在空气中慢。这将导致它损失大量时间。

2. 选择光穿过水中时为最短的路径 2：此时，光束在空气中需要走更长的路径才能到达海鸥。

3. 最终，最佳路径是路径 3：在这种情况下，无论是通过水路传播还是在空气中传播，都不会浪费太多时间。

光在自己"寻找"最快的路径，这听起来似乎有点奇怪。然而，如果我们把光想象成许多基波的总和，它实际上是在不同的方向向前摸索，以便在波峰和波谷的叠加和相互抵消之间找到一个最佳的路径。

这真是大自然向我们展示的一个非常美妙的优化过程，并且这样的过程在大自然中无处不在！不仅光会寻找其最快的路径，"猫王"也是如此。猫王是一只威尔士柯基犬的名字，它和它的主人——数学教授蒂姆·潘宁斯（Tim Pennings）一起，喜欢沿着密歇根湖的岸边散步。它喜欢从水里捞网球。潘宁斯教授注意到，猫王似乎很清楚怎样才能最快地捞到球。它会沿着岸边跑一小段路，然后再斜着游向球。它选择的这条路是纯属偶然吗？

为了找出答案，潘宁斯教授测量了猫王在陆地和水上的移动速度。顺便插一句，威尔士柯基犬的速度并不快，因为它的腿比较短。不过可以确定的是，猫王在陆地上的奔跑速度是它游泳速度的 7 倍。潘宁斯计算出猫王需要跳入水中以使它能尽快够到球的最优位置，然后，他们开始了一场捞球的马拉松：足足三个小时，潘宁斯教授一次又一次地把球以一定的角度斜着扔进水里。猫王不厌其烦，即使后来它的主人觉得数据已经足够了，它依然乐在其中，不想停歇。对于爱狗人士来说，这样的结果并不奇怪：猫王在绝大多数情况下都能准确地在那个最优位置折转入水。它的这种行为像极了一束光从空中射入，然后进入一种光速传播较慢的介质中。

现在，你是不是觉得这是因为狗特别聪明，或者说毕竟它的主人是一位数学家？但事实上，蚂蚁也具备这种能力。雷根斯堡大学的一组研究人员设计了一个实验，他们让一些"小火蚁"属的蚂蚁去寻找食物。蚂蚁的巢穴出口被设在一个光滑的塑料表面上，而食物则被放在一个类似羊毛的表面上，在这个表面上蚂蚁移动的速度要慢得多。研究人员将食物这样摆放，意味着蚂蚁必须以一定的角度穿过两种材料之间的边界。在这个实验中，结果同样如此：蚂蚁们选择了到达食物的最快路径。这些路径与借助斯涅尔折射定律计算出的路径高度吻合。于是，科学证实了，不论是狗还是蚂蚁都能掌握费马的最快路径原理！也许你可以期待一下，我们人类也能明白这个原理。这样的话，至少救生员在需要斜着跑过海滩，从海浪中救出一名溺水者的时候，他知道该怎么做。

这对我们的凝胶球又意味着什么呢？

凝胶球的折射率与水相同。光线穿过它们的速度和穿过纯水的速度是一样的。所以在凝胶球这里光不会发生折射，于是我们也无法看到水中的凝胶球。

最后说一件趣事和你分享：前段时间，我的一些朋友发来一段视频，在视频里，他们展示了如何制作水球。他们把各种物质倒进水里，然后煮沸，搅拌，接着将其放进冰箱，最后可以看到他们似乎从一些透明的液体里捞出了水球。

作为一名物理学工作者，我觉得这简直不可思议。不过我很高兴我没有模仿他们来做这个实验，因为当我看了评论区以后，就发现这是个骗局，他们捞出的水球正是上面我们用来做实验的东西：露西在花店得到的水珍珠。

老古董——声田音乐播放台

当我们的孩子感到无聊时，他们不会想去看电视或玩电脑游戏。他们会问："我们能去地窖吗？"在我们家，储藏室被称为"装废物的地窖"，它被塞得满满的，东西都堆到了天花板，什么东西都在那儿，但你什么也找不到。有一回，整整半年，我们都没能在那儿找到那条完整的木制铁路，更别提羽毛球拍和野营炊具了，现在我们已经压根儿不再找它们了。不过，你可以在地窖里玩玩捉迷藏，或者偷吃些被我们藏起来的糖果，或者，不管找到些什么吧，总之我们早不记得那儿有什么了。

这会儿，马克西米利安和他的朋友汤姆正拖着一个旧搬家箱到客厅来。里面是马库斯的老唱片机，这还是30年前用津贴买的。马克西米利安把它从箱子里硬拉出来，里头还放着几张唱片：《抒情摇滚2》、"米力瓦利合唱团"、MC. 哈默的单曲《你不能碰这个》。马克西米利安的眼中充满了疑问。

"这些都是做什么用的？"

"这是一台唱片机，"我解释说，"有点像以前的CD机。"

尤利娅，正一直戴着耳机躺在沙发上，把耳机从耳朵上拿了下来。"是和声田播放台一样的老古董吗？"她举着一张唱片问道。

我点了点我满是白发的头。"可以这么说。"

马库斯，则正在洗手，他擦了擦手，朝我们走来。"知道唱片机的工作原理吗，特别有意思。"他说，"来，我给你们解释解释……"

尤利娅又把耳机塞回耳朵里，躺回了沙发。

不过，两个男孩倒是想听听马库斯的解释。"这些凹槽里有音乐吗？能看到的音乐？"

来，让我们试一下。《抒情摇滚2》由于封面上那对令人作呕的亲热情侣被拒之门外，而"米力瓦利合唱团"又略显无趣，MC.哈默似乎更受欢迎。而且《你不能碰这个》这首歌还有一个优点，那就是即使孩子们把唱针拿起来，隔几秒再放到唱片别的地方，歌曲的播放似乎也不会受到干扰。也不知道什么原因，似乎前后总能衔接得上。

紧接着，马克西米利安又想到了一个新玩法，他把纸球随意弹到旋转的转盘上，纸球在唱片上转了两圈，然后越滑越远，最后掉了下来。这下，男孩们开发了唱片机的全部"潜力"。

"酷！"马克西米利安说。然后，他又跑进地窖，拿来了一个乐高海盗。海盗被甩了下来。摩比世界的一个公主似乎看起来比较稳当，不过当孩子们把唱片机调到每分钟45转时，摩比公主也惊人地摔倒了。然而神奇的是，MC.哈默的声音倒并没有因此而变得好听。

"如果我们有一个金属丝做的废纸篓的话，"马尔库斯思索着，"我们就可以造一个火焰龙卷风。就像在表演中那样。"可是我们没有金属丝做的废纸篓，我们只有一个金属丝做的沥水篓，我们总是用它来沥干面条上的水。

"我们可以用这个制造一个龙卷风。"马库斯提议道。

"或者，"我说，"我们也可以先不做。"

当然，我的想法并没有被理睬。几分钟后，我家的这个沥水篓就在唱片机上随着唱片旋转了，在里面真的闪烁着一个迷你龙卷风。只不过现在你听不到唱片的声音了。可怜的 MC. 哈默，还默默唱着"碰不得""碰不得"。

实验: 水雾龙卷风

如果你觉得火焰龙卷风太危险的话，那你可以先试试水雾龙卷风。这也是个不错的选择！

你需要：

• 一个电热灶（或一个电磁炉）

• 一个小汤锅（直径约 17 厘米）

• 约 200 毫升水（约一满杯）

• 4 块纸板，60 厘米 ×30 厘米

• 胶带

- 2～3 张投影仪透明胶片或其他透明胶片

- 一支手电筒

方法如下：

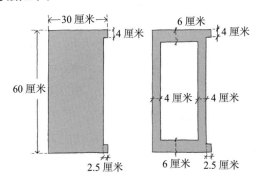

按照图中的尺寸裁剪四块硬纸板。其中的一块纸板上开一个窗口（如图），然后用透明胶片将其盖住并粘牢。

用胶水将四块纸板粘成一个盒子的形状，使 2.5 厘米宽的凹槽始终位于右侧。这样，盒子就不是完全封闭的，而是在每一面的右侧有一个通风口。这正是我们所需要的。盒子不必加底部和盖子，这两样我们都不需要。

在锅里煮约 200 毫升的水，电热灶的外径和锅的外径必须足够小，以便将这个盒子套在锅的外头。

也就是说，盒子里要放下这个电热灶和烧水的小锅。你需要注意，纸板不能离电热灶太近，否则水雾龙卷风又可能会不小心变成火焰龙卷风，虽然在一刹那间看起来很壮观，但是也会让你的厨房遭殃。

来自沸腾的水的水蒸气在上升过程中会流入纸盒。如果一切顺利，过不了多久——嗒嗒，就会出现一个"水雾龙卷风"。为了更便于观察，你可以找一支手电筒照亮它。你可以用不同大小的锅来试一试。我尝试的结果是 17 厘米直径的小锅效果最佳。另一个需要注意的事情是，盒子底下不能漏风，否则空气会从下面流入。

实验：火焰龙卷风

这个实验是给想要更多挑战的人准备的。如果你对自己做实验的能力还存在疑虑，但仍想挑战做实验，我想你邻居的孩子们一定为你的尝试感到高兴！

你需要：

- 一个用铁丝网制成的废纸篓（应该花不到 10 欧元），或者一个铁丝网伞架（如果想要制造出更大的火焰龙卷风）
- 一块擦桌的湿布
- 火锅用燃气炉和燃料膏
- 可能需要一小撮盐
- 一台旧唱片机（反正你应该也没有新的唱片机，现在你终于可以让你的孩子们看看那些中间有孔的大圆塑料唱片是干什么用的了）
- 或者一个能旋转的餐盘（你可以在大型瑞典家具店之类的地方买到）
- 或者 3 卷 1.5 米长的包装绳、麻绳或材料雷同的绳子（用于"悬挂"龙卷风）
- 打火机或火柴

方法如下：

你需要将废纸篓稳稳地立在旋转底座上。如果你使用的是唱片机，可以在中央的唱盘轴周围铺一些啤酒垫或类似的东西找平，以防废纸篓翻倒。现在将纸篓放在唱盘中央。

如果你想做一个悬在空中的龙卷风，可以在纸篓的上边缘处等距离地拴上三根绳子，然后将绳子的另一端系到一起。这样纸篓就可以被挂在空中了。

将湿布放在纸篓的中间，以防纸篓滑落，然后将燃料膏装在一个能阻燃的小容器中（可以是购买燃料膏附带的容器），放在湿布上。如果你想的话，还可以在燃料膏上撒上一点盐，这样火焰看起来就是黄色的。现在点燃燃烧膏，然后转动纸篓。噢！

这背后的原理是什么？

水雾龙卷风和火焰龙卷风的运作在表面上与自然界中的龙卷风相似。因此，想要让"龙卷风"出现，你需要两样东西：一是升力，二是能给上升的气团提供旋转方向的东西。

升力可以由热量提供：拥有了更高温度的气体向上升起，这是因为热空气的密度比冷空气低。如果热空气在一个地方上升，周围的空气就会去填补热空气上升后空出的位置，如果不这样的话，那个地方就会没有空气。在一般情况下，周围的空气会被均匀地吸入到这个位置，这样，气体流动就会形成常见的风。

而如果空气上升点周围的空气发生旋转，事情就变得更有趣了。"龙卷风"有两种不同的形式：最危险的龙卷风是在旋转云的中心形成，即所谓的中气旋；另一种情况则是，两股气流相向流动，这时则能形成较小的龙卷风。以上的这两种情况，都是热空气先上升，而后，周围的空气流入补位。开始的时候这些空气略微旋转，随着空气越向中心流动，旋转速度就越快，这很类似于旋涡中的水。这种现象的原理叫作角动量守恒：一种在一定的动量下旋转的物体，总是希望将这种动量保持住的特性。

我可以举一个经典的例子——花样滑冰，来解释角动量守恒：运动员为了完成一个美妙的从慢到快的旋转动作，常常会将手慢慢向中心收拢。不过，还有一个更好的例子，它发生在我的生活当中。在一个有着极其简易的"转盘"的儿童游乐区，我和小女儿面对面站在一个"转盘"上。"转盘"有一个能旋转的平台，中间有一根能让人抓稳的横杆。我们俩脚踩在旋转平台上，双手紧紧抓住横杆，而我的屁股远远往外伸出去。现在，我的妻子用力推了我一把，我和小女儿在转盘上很好地转动起来。在这种状态下，我和女儿组成的"爸爸—女儿系统"有了一定的角动量，这就是那个需要保持不变的东西。接下来，我们来验证一下这个定律。我把伸出去的屁股缩了进来，让它紧紧贴着旋转杆。这就是科学的力量，伴随的则是，小朋友的尖叫声！我们飞快旋转，转得太快了，我的小女儿都坚持不住，从转盘上摔了出去。当然，她没有受伤。不过，从那以后，每当我带她去游乐场玩时，她都会非常小心……

为什么我们会突然旋转得那么快？角动量的大小取决于物体的质量以及该质量距离旋转轴的距离。此外，旋转速度也起着作用，即转盘每秒旋转的圈数。

角动量的公式为：角动量 = 质量 × 距离^2 × 转速。

其中重要的是距离这个值上的平方，即"二次幂"。假设我一开始距离转盘的旋转轴有 50 厘米远，而当我将身体贴着杆子，我距离旋转轴的距离就差不多能减半。根据上面的公式，若要等式左右仍保持相等，此时旋转速度就必须翻两番！所以，即使孩子的手臂再强壮，这时也会力不从心。

现在，让我们回到龙卷风。空气越接近旋转轴，旋转的速度就越快。你甚至可以清楚地观察到这个现象：在火焰龙卷风的实验里，里层的一些气流会比外面靠近纸篓的气流旋转得更快。这得感谢角动量守恒！

世上最尴尬的父母

孩子到了青春期的时候，父母对他们来说有时会变得有点尴尬。我们最近就略显尴尬，我们的两个大一点的孩子，会提醒他们的朋友要注意我和他们的爸爸。

"劳拉今晚睡在我这儿。"尤利娅礼拜六的时候通知了我一下。她认真地看着她父亲，说："到时候，你得正常一点儿，老爸！"

马克西米利安笑着说："表现正常？爸爸吗？"姐弟俩怪里怪气的，然后互相击了一下掌。

孩子们在读小学的时候，还觉得有个会做奇怪实验的爸爸是件令人兴奋的事，而现在，他们则更愿意有个平平无奇每天去办公室上班的爸爸。至少，他不会在刷牙时让牙刷绕着手指旋转。或者，在篮球俱乐部的圣诞派对上，他不会把双腿盘在脑后，然后在手指上转球。即使马库斯运动能力很强，也无法挽回他在两个大孩子心目中的名声。

在上一次篮球派对举行时，马克西米利安希望我能参加"父母对孩子"的比赛。

"但是爸爸打篮球打得更好，"我吃惊地说道，"我完全不行。"

"没错，"马克西米利安回答道，"所有的父母都有点笨手笨脚。这很正常，甚至有点可爱。我爸爸打得太好了，真让人尴尬。"

在体育馆里，我并没有感到其他孩子觉得他们笨拙的父母是"正常"或者"可爱"的。尽管我在球场上跌跌撞撞，但还是尽了自己最大的努力。

傍晚时分，尤利娅的朋友劳拉按响了我们的门铃，带着她的睡袋和一只一米高的粉色毛绒独角兽，这是她圣诞节收到的礼物（显然她觉得这不那么尴尬）。劳拉的父亲是一名保险业务员，他平时常穿浅灰色西装，每天早上七点离开家，下午四点回来。而劳拉觉得这很尴尬。她想成为一名特技女演员，每周都去不同的地方。我们的孩子可能最终会成为保险公司的业务员。最近，一名职业顾问来到尤利娅的学校，她告诉他，她想要一份有固定工作时间、固定薪水和"行为正常的同事"的工作。

对尤利娅来说，这个晚上一切看起来都非常正常。马库斯带着三个大袋子购物回来，把面条和卫生纸分类放在地下室。在水果碗里，他摆放了平时常买的水果：苹果、猕猴桃、香蕉——还有两袋柑橘。在我们家里，没有人真的喜欢吃柑橘。

"你要拿它们做什么？"我问道。

"做实验。"马库斯说。

尤利娅拉着劳拉进了她的房间。

就这样，她们错过了马库斯用橘皮放的烟花。橘皮上的汁水让蜡烛噼啪作响，气球炸开，屋子里弥漫着柑橘的香气。

"简直像魔法！"露西笑了，"我可以用它来表演魔术吗？"

马库斯谨慎地看了看，点点头。露西的魔术表演很有名，因为她每周定期表演（每周六在儿童房间），但又臭名昭著，因为每次魔术表演的时间都太长（绝不少于一小时）。在常驻观众中，马库斯是我们之中最不耐烦的人——这特别不公平，因为我们必须经常看他演出。这一次，马库斯设法避开了魔术表演。当露西在已经关了灯的儿童房间欢迎她的观众时，只有尤利娅、劳拉和那个巨大的粉色独角兽坐在地板垫子上。露西拿起一块橘子皮靠近茶烛，然后将橘皮折弯。烛火飞溅出火花，发出轻微的噼啪声。

"太酷了！"劳拉低声说。

露西小心翼翼地用橘子皮摩擦双手，然后伸手去拿挂在双层床上的气球。气球砰的一声爆了。

尤利娅被吓了一跳，她坐在那个奇怪的粉色独角兽旁，差点没喘过气来。"太棒了！"她笑着叫道。

第二天早上，我们的大孩子们向我们解释道："只有在你们做这种事情的时候才会让人尴尬。如果是小朋友来做实验，那就让人觉得很可爱。"

马库斯和我对此倒没有觉得紧张：因为我们的父母也经历过这样一段时间，在那段时间里他们变得异常尴尬。

不过到我们大约 18 岁的时候，他们就摆脱了这种状态。

实验：厨余垃圾带来的乐趣

你需要：

- 橘皮或橙皮
- 一支蜡烛
- 一个气球（或几个，以增加趣味性）
- 用特别便宜的气球或水球，就能使这个实验的效果达到最佳。同时，你也可以尝试不同类型的气球。

方法如下：

烛火爆炸

取一块橘子皮或橙子皮，用力将其折一下，果皮上会飞出少量汁水。将这些飞溅出来的汁水对准蜡烛，你可以在火焰附近看到一些炸开的漂亮火花。

敏感的气球

吹起几个气球。折一块橘子或橙子皮，让一些汁水溅到气球上。如果你选择了正确的气球类型，在汁水接触气球后，气球很快就会爆开。还有一种更好玩的方法：将手指沾上足够多的橘子皮的汁水，这样所有气球都会在你手里爆炸。

这背后的原理是什么?

从柑橘类水果果皮中溅出的汁水主要由"柠檬烯"组成(在德文中,"柠檬烯"的最后一个音节需要发长音,它听起来和柠檬的复数是不一样的)。柠檬烯属于醚类精油,这意味着它挥发后不会留下任何残留物。因此,它常用于制作香薰灯和家用清洁剂的溶剂。

醚类精油还有一个特性:非常容易燃烧。如果把柠檬烯液滴喷入火焰中,就能满足燃烧所需要的所有条件:首先,液滴很容易被点燃;其次,它们虽然体积微小,却拥有巨大的表面积;第三,它们能很容易地接触空气从而获得燃烧所需要的氧气。在蜡烛的火焰点燃后,反应开始,这就是实现迷你小爆炸的所有条件!因为精油燃烧得很快,所以这其实并不危险:精油被火点燃后产生的小火焰很快就会熄灭。

即使没有碰到火,为什么气球依然会爆炸?

我们首先想到的是,是不是柑橘类水果里滋出的水是酸性的,所以它会腐蚀气球皮?但是,只要我们把柠檬酸放在气球上一试,就能立刻推翻这个想法:气球在柠檬酸的作用下安然无恙。

气球爆炸,是因为柠檬烯是一种溶剂。说得更具体一点,它是一种"非极性"溶剂:它的正负电荷均匀地分布在分子中——制作气球的乳胶也是如此。"同类相溶"是我们在化学课上学到的。非极性的柠檬烯可以破坏非极性乳胶分子之间的化学键。可以说，它就像针一样刺破了气球。如前所述，这个实验其实并不适用于所有气球。有些气球的乳胶分子之间的黏合力特别强，如果是这种情况，柠檬烯则无能为力。如果你想弄破它们，就必须使用其他方法。我想你一定能想到办法的！

　　说到这一点，你可能听说过避孕套不能碰到按摩油。原因很简单：和我们的气球魔术一样，按摩油可能会含有一定比例的精油，这会使乳胶破出很多小孔。虽然避孕套直接爆裂的可能性不是很大，不过仍然存在。相反，硅油（大多数润滑剂的成分）则不是乳胶的溶剂，它可以安全使用。

烹饪对决

我在地窖里听到了烟雾报警器的蜂鸣声！这声音太刺耳了，让人耳膜直疼。难道是报警器的电池没电了？不，这不可能。只有在晚上大家睡觉的时候，烟雾报警器的电池才有可能没电，这是常识。啊，我知道了，是厨房……又是厨房。我有点恼火，只好先丢下洗好的衣服，上楼去看看。果然，灶台那里冒出了烟。尤利娅和她的朋友伊萨正站在一个锅的前头，锅里烧着一坨棕红色的东西。

"我们在做意大利饺子。"尤利娅捏着鼻子。"真没想到，这酱汁蒸发得那么快！"

我爬上椅子，从柜子上把烟雾报警器拽下来，把锅放进水槽里，打开水龙头，蒸汽冒了出来。打开两扇窗户之后，我感觉好多了。

眼前，紧急情况解决了，但根本问题没有解决：孩子们想做饭，可我们的煤气灶对他们来说热得太快了。

"这个炉灶太糟糕了，"尤利娅抱怨道，"什么东西都会烧焦。伊萨家的炉灶从来不会这样。"

"伊萨家用的是什么炉灶？"

"美善品（一个炉灶品牌）。"

"美善品可不适合有五个人的家庭。"

"或者我们可以买个电磁炉，就像爷爷奶奶那样。"我轻声笑着说，"你知道吗？最近一整个星期，他们都没法做饭，因为他们的炉子自己锁住了。他们不小心按错了按钮的顺序，结果炉子就跟电话一样被锁住了。现在虽然解开了锁，但只能在一定阶段保持解锁状态。所以每次做饭前都得先解锁。"

"那至少也得有个微波炉吧！"尤利娅要求道。

马库斯和孩子们早就想要个微波炉了。到目前为止，我一直拒绝：我们的厨房太小了，又塞满了东西，用煤气灶加热食物很快。不过事实证明，这有点太快了。

我叹了口气："好吧，就买个小巧的吧。"

第二天马库斯拖了一个银色的盒子进厨房，没错，那是一个微波炉，背面还贴着德国马克的价格标签，这个微波炉一直放在"物理达人秀"团队的储藏室里好久了，之前他们用它来加热实验用的化学品。我有点怀疑，凑过去闻了闻，不过确实没闻到什么，好吧，微波炉可以留下来。接下来的三天里我几乎没有做饭，孩子们想吃什么就可以用微波炉加热：比如燕麦粥、意大利饺子、汤、茶水。

微波炉来到家里的第四天，烟雾报警器又响了。我本能地冲向炉子，但其实并没什么东西烧焦，烟雾是从微波炉里冒出来的！微波炉里的盘子上，有一块融化的黄油在旋转，黄油的一侧起火了。我赶紧打开微波炉的门，尤利娅也赶紧来了厨房。

"哦，"她边说边从"黄油湖"里拿出一块烧焦的锡纸，"我想，我忘记拆掉黄油的包装了。"

"而且，你还按了 30 分钟，而不是 30 秒。"我补充道。

"是的，"尤利娅承认，"有点恶心，东西真的都烧焦了。火在微波炉里会变得更热吗？我的意思是，即使它本身已经很热了。"

从黄油事件之后，我又开始用煤气灶做饭了。从现在开始，微波炉只留给父女俩做"加热火"的实验。

晚餐的炸土豆快要做好了，微波炉那里却传来了一阵刺耳的嗡嗡声，就像有人在墙上钻洞。微波炉里突然发出明亮的光来，只见一个果酱瓶倒扣着在微波炉里的盘子上旋转，瓶子里满是光芒。我们站在那儿，惊叹不已。

马库斯伸手打开了微波炉的门。光熄灭了，瓶子里有一根烧焦的火柴，火柴被插在一个软木塞里，别无他物。

我不敢相信地问："这么小一根火柴能发出这么亮的光吗？"

父女俩自豪地点点头。

接下来的那个星期天，尤利娅从网上打印出两页纸，贴在了冰箱上：除了烹饪，微波炉还能干的 8 件事。比如，给清洁海绵消毒；准备一个"不会让人流泪的"洋葱；让柠檬更多汁一些。尤利娅还自己手写了一个额外的功能：用微波炉做定时器！做早餐的时候，她可以在炉子上煮鸡蛋的同时，在微波炉上设置一个 7 分钟的时间，这样时间到了的时候，微波炉会发出叮的一声，她就知道，鸡蛋煮好了。

"你知道这得用掉多少电吗？"我不太高兴，"用微波炉计时，太费钱了！"

"你真的知道它很费电吗？微波炉的用电量是多少，你知道吗？"尤利娅说，"它才没有那么费电呢！爸爸计算过，微波炉工作 7 分钟只需要花费 2.5 欧分。如果我们每个星期天的早上煮一次鸡蛋的话，一整年也只需要 1.30 欧元而已。这不比我们厨房的那个闹钟省钱吗，那个闹钟多少钱？"

"是吗？闹钟 9 欧元。"我仍然不是很高兴。我看看那数字闹钟：自从有一次从台面上掉下来后，它的显示器就不好使了，十位上的数字显示一直弱弱地一闪一闪。

尤利娅有点得意地笑起来，"如果这么算的话，7 年之后，微波炉花掉的钱才等于一个闹钟的价格。哈哈，微波炉可真是太实用了。"

"但是，如果你玩游戏机的时候也拿微波炉做闹钟。玩一次游戏的时间是一个小时，如果一天一次，一年 365 天，那就是……"我打开手机里的计算器，"一年大约 78 欧元！而且，这还不算上煮鸡蛋的时间。"我坐在餐桌前，背对着微波炉，磕开了我的早餐鸡蛋。

实验：微波炉里的火焰

你需要：

- 一个微波炉（有可能的话选个平时不是非用不可的。
但说实话，我在实验中从未弄坏过一个）

- 火柴

- 软木塞，用刀切成 4 等份。

- 作为扩展：准备一个大而便宜的玻璃容器，比如一
个装过酸黄瓜的空玻璃瓶，或者材料是耐热玻璃的
大容量烧杯（0.5 升）。

方法如下：

快速版本

将一根火柴插入软木塞，并把软木塞和火柴都放在微
波炉的转盘上。点燃火柴，启动微波炉。这个实验可能需
要反复尝试几次才能观察到想要的结果。不过，它值得多
尝试几次！几秒钟后，你会观察到，火焰会变大，慢慢变
成球状，微波炉会伴随着传出响亮的嗡嗡声，如果成功的
话，火焰甚至能升到微波炉的顶部。不可思议，你刚刚用
微波炉创造出了一个等离子体！

被困住的等离子体

拿一根新的火柴,插在微波炉里的软木塞上,再将另外三块软木塞呈一个等边三角形放在其周围。点燃火柴,然后将事先准备好的玻璃瓶倒扣在火柴上,让其他三块软木塞托住瓶口的边缘。启动微波炉,等离子体会再一次出现。不过,这一次它被玻璃瓶困住,玻璃瓶的上部会充满明亮的蓝白色光芒。

安全贴士

请不要让这种状态持续过长时间,让微波炉开启几秒钟是比较合适的,否则玻璃瓶可能会有因温度过高而破碎的风险。当你完成实验,要从微波炉中取出玻璃瓶时,请务必戴上防烫手套!

这背后的原理是什么?

也许你前面已经阅读了"气球芭蕾"的实验(见《狂欢节上的麻瓜们——自制魔法棒》)。那个实验中我们讲的是关于打火机的火焰，打火机的火焰温度可高达1400℃。现在这个实验中的火柴的火焰也同样拥有非常高的温度：超高的温度使得参与其中的物质（如氧气、二氧化碳和水蒸气）已经不是原来的气体状态了，而变成了等离子体状态。

在等离子体中，分子和原子中带负电的粒子（电子）被电离出来。剩下的残余原子则被称为离子，它们带正电。不过，不用激动，通常情况下，最终离子和电子会再次结合起来。但在我们的实验中，微波所带来的强大电磁场会使一切截然不同。带负电的电子和带正电的离子在相反的方向上被极端加速，电子和离子在逃逸的过程中，会与其他原子碰撞，被撞到的原子又释放出电子。如此重复，等离子体就会变得越来越大，形成球状。

由于等离子体中的温度非常高，因此它的质量比周围的空气要轻很多，所以等离子体会上升。我们可以用玻璃瓶将等离子体罩住。如果没有玻璃瓶，等离子体通常能上升到微波炉的顶板。当它到达顶板后，才会冷却并消失。

等离子体为什么会嗡嗡作响？

这是一个非常有趣的现象——等离子体会发出响亮的嗡嗡声。这种声音的频率一般在50赫兹左右。这个现象与微波的产生方式有关。微波本身是一个强烈的电场，电场本身则以极高的频率振荡。微波的产生发生在所谓的磁控管中，可以说那里是微波的生产中心。为了产生微波，磁控管需要上千伏的高电压，那它又是从哪里得到这个电压的呢？

在微波炉里有一个变压器，它能把相对较低的电压转换成相对较高的电压，频率则为一秒钟 50 次。变压器能提供磁控管所需的高压，使其达到要求的电压峰值，这样磁控管能够正常工作，这个过程类似电网的脉冲。因此，微波炉里产生的电磁场并不是连续不断的，事实上，微波炉中的电磁场拥有一个频率，它的数值为每秒 50 个脉冲。当这些微波脉冲撞击火柴所产生的等离子体时，等离子体就会以脉冲的形式被加热。

每个脉冲都需要消耗非常大的功率。我们家里的微波炉功率是 850 瓦。在这 850 瓦当中，大约有 650 瓦变成了微波炉中的电磁波。功率意味着每秒钟消耗的能量，650 瓦就意味着我们的微波炉每秒钟消耗 650 焦耳的能量。焦耳是用来表示物质所含能量的单位。一节普通的 AA 电池（如果你我年龄相当，那你一定知道，AA 电池是随身听里普遍使用的电池，这种电池不是那种很小的纽扣电池）可以储存约 2700 焦耳的能量。所以，从纯技术层面来说，不计较实现路径的话，一节 AA 电池应该能让微波炉工作 4.2 秒钟。

我们的微波炉每秒钟能输出 650 焦耳的能量，不过这些能量并不是被连续释放出来的。事实上，一秒钟内，能量以脉冲的形式被释放 50 次。因此，单个脉冲的能量明显更大。

　　能量以每秒 50 次的频率被反复释放：当等离子体以该频率被加热时，它的体积会先稍稍膨胀，然后又缩回去一点。这个往复的运动则会被传递到等离子体周围的空气中，于是我们就听到了等离子体中发出的嗡嗡声。所以，其实它来自电网特有的频率。

陋习

吃饭的时候不允许唱歌！这是我们家里最重要的用餐规矩。这听起来似乎有点奇怪，但是在我们家，吃饭时舔刀子、撑着胳膊肘，或者嘴里塞满着东西还说话，都比不上三个孩子在餐桌旁不停哼哼唱唱糟糕。当然，他们喜欢唱的旋律也不同。

我们当然该高兴，如果孩子们对音乐有兴趣。尤其是尤利娅，她脑子里总是响着一首歌，整天又唱又跳。任何人问她什么事都得等到她哼完一小节，她才会给人回应。然后是跳舞！我们的厨房很小，如果是尤利娅来摆餐具，你必须得特别小心，冷不丁就会被她灵活的胳膊或腿打到头。后来，我们又不小心打碎了三个盘子，打翻了一罐甜奶酪，所以作为家长，我们不得不宣布禁止在厨房跳舞。一天之后，当还在上幼儿园的马克西米利安把打开的洗碗机当成球门来玩后，我们就决定将这个禁令扩展到对他们的喜好的普遍"禁令"。

尽管只是一个泡沫球，但从这个泡沫球被打进洗碗机的一刻开始，就意味着父母和孩子们之间的对抗正式开始了。这场战争为期数周，为的是谁能获得厨房和客厅的控制权。

"你们可以在儿童房里随便玩，但是起居室需要保持安静。"我们提出了要求。

"'起居'又不等于休息。"孩子们反击道。

"但也不等于运球。"马库斯严厉了起来，夺过马克西米利安手里的球，把它放在了橱柜上。这不是个好主意，为了替代泡沫球，马克西米利安找来了一个篮球。

戴着耳机、正在弹电子钢琴的马库斯，开始还以为这个篮球敲打地板的声音是自己的节拍器发出的。他糊里糊涂地伴着篮球的节奏，调整了自己的演奏速度。直到曲子结束，球仍在地板上嘭嘭地响，才让他反应过来——于是，又有一个球被放到了橱柜上。"如果还有下一次，"马库斯威胁道，"我就插把刀进去。"

晚上，当客厅终于安静下来后，我对我的爱人说："我们必须得聊聊了。"

"我知道，"马库斯有点懊悔地说，"用刀子去威胁是不对的。暴力不是解决问题的办法。"

"我们应该和孩子们一起决定，在起居室里能做什么，不能做什么。民主决策！"

"但是他们在数量上占优势。"

确实如此。"那么我们就少数服从多数，但投票需要超过三分之二，如何？"我建议道，"或者我们作为父母，每人有两票。"

我们把关于起居室的讨论，安排在了一个星期六的晚上。我们准备了煎饼，这是大家都喜欢的食物，我们在餐桌前坐了很长时间。我们只有一个煎饼机，所以要等上一段时间才能让每个人都吃饱。

用沾满油的手指，我们罗列出了一份"最令人厌恶的事情清单"，即那些让所有家庭成员，或者是让个别成员感到特别讨厌的习惯。比如，不关地下室门，妈妈总是舔刀，爸爸在桌子上敲鼓点……这真令人惊讶，尽管我们彼此讨厌的事情很多，但我们仍然能够互相容忍。如果我们将来都要禁止这些事情，那我们将什么都做不了，如果真那样的话，我们只能呆坐在桌子旁，默默地用鼻子呼吸。现在我们该怎么办？

露西有了解决办法："每个人说出最让他们讨厌的一件事情，然后我们就不再做那些事。我们在幼儿园点歌的时候也是这样做的。每人选一个！"

我们自豪地看着我们颇有外交天赋的女儿。于是，每个人允许在清单上打一个叉。即刻生效的禁令包括：吃饭的时候唱歌、跪在椅子上、在别人练钢琴的时候打篮球以及讨论家务。

最后一个轮到马克西米利安。他拿起马克笔，找到清单最底部的一项内容：嘴里吞云吐雾。

"什么？！"马库斯惊叫道，"这有什么可怕的？！"

"很恶心。"马克西米利安说。

"比妈妈舔刀还恶心吗？"

"恶心一百倍。"

"你不是认真的。这太刺激了！"马库斯喝了一口水，然后让水在他嘴里来回流动，这声音是我们一直禁止孩子们发出的——这是介于摇动汽水罐和打嗝之间的某种行为。马库斯往前弯下身来，把头伸进灯下，下巴抬起，像一只正在嚎叫的狼。然后他张开嘴巴，嘴唇形成一个"O"字形，然后他嘴里呼出了一小团淡灰色的烟雾"云"，里面可以看到非常小的水滴。

马克西米利安拿起马克笔，在"嘴里吞云吐雾"后面画了一个大大的叉，标记在讨厌的事物清单上。

"嗯，那么我们就完成了。"尤利娅愉快地高声说道。她拿起清单，将其贴在冰箱上，然后她开始收拾盘子。在走向洗碗机的路上，她踮起脚尖，转了个芭蕾舞圈，然后用左脚的大脚趾优雅地按下电灯开关。

突然我们意识到：因为光顾着这些"云"，我们忘了给禁止跳舞打叉。可惜现在为时已晚。一周后的母亲节，尤利娅送给我一些冰箱磁贴，上面写着："厨房是用来跳舞的。"

实验：用嘴做出一朵云

这是这些实验中最令人惊奇的一个，在这个实验里需要的只有你自己——当然你的孩子或者你的朋友可以作为观众，他们可能会觉得很精彩，但也可能会感到十分疑惑。

你需要：

- 你的身体
- 可能的话，一个深色背景和从侧面射来的光线。例如可以利用手电筒、太阳或手机的光
- 有所准备，用嘴巴做奇怪的事情

方法如下：

在你尝试这个实验之前，有一点需要说明：你口腔的湿度越高，实验的效果会越好。根据不同的环境条件或个人体质，有时候什么都不做湿度也可能足够。不过，也不排除你有可能需要人为增加湿度。这是第一步。

让你的口中多积聚一点唾液。然后，鼓起脸颊，使它变得稍微宽一点。现在，在闭合的嘴中制造咔嚓声，将口中的唾液搅散，10秒钟应该足够了。注意：你必须像说字母"G"一样关闭你的喉咙。目标是保证你的脸颊不是因为肺部的压力而膨胀，而是因为你嘴里的空气。如果你能继续通过鼻子呼吸并保持脸颊膨胀，那就做对了。

第二步：将潮湿的空气留在口中。用双手压在嘴巴和脸颊上，这样可以压缩嘴里的空气。保持压力大约5秒。

迅速将双手拿开。现在你嘴里的空气充满了细雾。通过慢慢让下颚下垂和拉宽脸颊，增大你的口腔空间。然后，以"O"的形状张开嘴巴，接着用下颚和舌头缩小你嘴里的空间，然后非常缓慢并且非常小心地让雾气从嘴里出来。绝对不要把空气从嘴巴里吹出来，因为这种气流很难控制。

现在，你的嘴巴前面应该可以看到雾状的小云朵！为了让雾状的云朵更明显，最好使用合适的灯光。你可以找一个黑色的背景，然后用一盏灯从侧面照过来，以增强效果。

不要放弃，这是可以做到的！

这背后的原理是什么？

你口中已经形成了一朵真正的云！当空气变得潮湿时，温度降低，湿气会凝结成小水滴。这既适用于天上的云，也适用于你自己制造的雾。

让我们来详细了解一下，口腔中到底发生了什么。首先，你在闭合的口腔中发出"咔嚓"声，产生小水珠。从这些小水珠的表面会蒸发大量水分，从而使口腔内的湿度提高了。然后你用手挤压这些湿润的空气并稍等片刻，当湿润的空气再次被放松时，雾气突然就出现了！

事实上，这相当奇怪，因为在压缩和放松的前后，似乎什么都没有变，对吗？其实不是！通过压缩和放松，实际上稍稍改变了口腔中的温度。对于那些密度不太高的气体来说，它们适用以下的规律：当气体被加压时会升温，当压力被释放时，气体温度则会下降。

通常这种影响并不明显。例如，给气球充气，气球内的温度会上升一点，然而这几乎不会引起注意。一方面，温差非常小，另一方面，气球内外的空气存在热交换。

让我们再仔细看看这个问题：热量从哪里来？气体粒子以不同的速度来回移动，它们有时与其他气体粒子碰撞，有时与容器的壁面碰撞。每个粒子都具有特定的运动能量，我们称之为动能。单个粒子速度的测量非常困难。然而，确定气体的平均动能非常简单。是的，只需一个温度计！气体的温度与粒子的动能成正比。粒子移动得越快，它们的能量就越多，气体就越热。粒子移动得越慢，它们的能量就越少，气体就越冷。[1]

让我们回到嘴里的云：当你用双手压住脸颊来压缩嘴

---

[1] 严格来说，温度与粒子速度的平方成正比。因此，如果粒子的移动速度是原来的 4 倍，温度就是原来的两倍。如果粒子速度下降到原来的 1/4，温度就会减半。

里的湿气时，你会对口腔里的每一个空气粒子施压。它们移动得更快，口腔温度会略微升高。稍等一会，温度又会恢复正常。

然后你把手拿开，就会发生相反的情况：你的脸颊向外移动时，与脸颊碰撞的空气粒子速度会变得慢起来。结果就是，口腔中的空气变冷。由于你之前已经适当地湿润了空气，于是现在空气中的水分就因为饱和而析出了。又因为冷空气容纳的水分比温暖的空气少，所以多余的水就凝结成了小水珠。雾气便如此产生了，你可以小心翼翼地将它呈现出来，希望在它离开你的嘴巴时，你能听到掌声。

另外一种有效的方法：

如果你觉得上述的步骤太复杂，还有一种更简单的方法：打开一瓶香槟，你会在瓶颈处找到雾气。科学上对于香槟酒瓶的开启过程进行了相当深入的研究，尤其那些来自法国盛产香槟的地区的研究人员。研究人员们用高速摄像机拍摄了在香槟瓶塞弹出后直接从瓶颈中逸出的雾气。他们的研究对象是不同温度下的香槟：6℃、12℃和20℃。结果显示，在6℃和12℃时，雾气在最初的几毫秒内的颜色与室温瓶中流出的雾气不同。温度较高的瓶中的雾气略带蓝色，而较冷瓶中的雾气更多地呈现白色光泽。

这是因为温度较高的瓶子内有较强的压力。许多有经验的人都知道：温的碳酸饮料在打开时更容易弄得一团糟，而冷的碳酸饮料则会好很多。这是因为饮料温度越高，其中溶解的二氧化碳就越少。二氧化碳无法溶解在液体中，所以瓶子内的压力就会增加，二氧化碳气体在瓶子被打开时便着急逸出。当温度接近0℃时，不论你是打开一瓶苏打水还是一瓶昂贵的香槟，从瓶里溢出的气泡总是比那些在太阳下放了一会儿的气泡饮料更少一些。

由于在温度较高时，香槟酒瓶中的压力非常大，相较于温度较低的酒瓶来说，打开香槟时溢出的酒雾的温度会下降得更多一些——低至-90℃！这意味着酒雾的温度在一段很短的时间内，会低于二氧化碳变成干冰的温度，所以就会在酒瓶的瓶颈处形成小冰晶。

这就能解释为什么温暖的瓶子中出现的雾气会略呈蓝色了：与那些在口腔中生成的雾气小水滴相比，干冰晶体要细小得多，它们散射光线的方式不同。[1] 蓝色光的散射要比红色光强烈得多，所以雾气会呈现出蓝色的光泽。可惜的是，你需要非常仔细地观察才能看到这种反应，因为在170微秒后，大多数干冰的晶体便已经溶解。如果你觉得用香槟或者起泡酒来做这个实验过于奢侈，不妨试一试啤酒，效果应该也不错！

─────────────────

〔1〕 在这里，适用所谓的瑞利散射规律。这个规律同样解释了为什么天空是蓝色的。

杂物炸弹

也许放一颗炸弹是个解决问题的办法。每当我走进拥挤的地下室时，脑子里都会冒出这个想法，扔一颗炸弹！将一切碍事的东西都炸碎，把那些角落里积满灰尘的杂物，例如老式立体声音响、思乐的精灵玩偶、圣马丁节的节日灯笼，还有爸妈给的落地花瓶——统统炸成黑色的细小的尘埃。不过，炸弹不会炸坏我们的房子，橱柜和货架也将完好无损，当然我们自己也不会有事。当那些尘埃在爆炸后缓缓落到地上之后，我只要用我的吸尘器吸上一遍，结束了。我甚至能想象，盯着空荡荡的地下室是一种什么样的感觉：解脱，也可以说，超脱。我叹了口气，走下楼梯，绕到货架前，将手里的一盒满满的摩比世界海盗玩具塞进了货架。

最近，我们正在做一件非常必要的事情，清理孩子们的房间。不过这让我越来越不停幻想能有一个这样的炸弹。由于我们每个人都想按照自己喜欢的那套方法清理房间，所以，我们为大扫除的日子制定了一个详细的计划。不过，我觉得我们必须在下面这个问题上达成一致。

"我们可以先用垃圾袋把过去四周没用过的东西打包扔掉，"我建议说，"然后再来收拾那些剩下的东西。"

"反对！"三个孩子喊道。

马克西米利安说道："不需要的东西，我会把它们都放在门外。"他已经几次用这种方法有效地清理了自己的房间。很快，他的房间就变得整整齐齐，不过房间外的走廊却寸步难行。

"那这些东西，我该拿它们怎么办？"我隔着关着的门朝里头大喊（因为门前东西太多，所以门没法打开）。

"放到地下室去！"马克西米利安向我喊了回来。

然后，门被打开了一条缝："嘿，露西，过来一下！"
露西从她的房间里探出她的小脑袋。

"你要我的宝可梦卡吗？我不要了。其余这些，我也不要了。"

露西两眼直放光，"太棒了！！"她拿着一个洗衣篮，里头装满了马克西米利安的玩具，开心地把它们搬回了自己的房间。

马克西米利安嘿嘿咧嘴一笑，向我挥了挥手，又关上了门。

"这样的事儿，绝没有下一次！"我坚决地说道，"这哪里是什么清理房间，这只是在你们这些小家伙之间，把东西换了一个地方放着。你们必须得学会放弃一些东西。"

"可是，也没必要把它们都扔掉啊！"尤利娅有点反对我的观点，真是她父亲的亲生孩子。"这些东西都还没坏，它们挺好的。"

"当然，当然，不扔掉。"我平静地说道。知道吗，其实我从来没有告诉过他们，每个月我会找一天早晨，默默地拿一个蓝色的袋子，走进孩子们的房间去收一些垃圾，比如：惊喜彩蛋盲盒、干掉的橡皮泥、重复的收藏卡片，以及那些早已被遗忘的生日聚会邀请卡。一阵搜刮之后，我会习惯地称一下袋子的重量。上个月，一共是 2.3 公斤。他们的房间里少了 2.3 公斤的东西，而他们一个也没有注意到！

我想这可能就是问题所在：他们得亲自看看他们到底收集了多少东西。从地下室里，我拿来了几个空的鞋盒，然后，在其中一个鞋盒上写好"橡皮擦"，在另一个上写好"塑料玩具"，以此类推。如同废品站的玻璃回收垃圾箱一样，我把这些盒子摆在走廊上。"你们可以把不想留在房间里的东西都扔到这些鞋盒子里，然后我们再看看，怎么处理它们。"

两小时后，箱子里出现了以下物品：

一号鞋盒：25 张没有封套的 CD。

二号鞋盒：25 个空的 CD 盒，并且不是一号鞋盒中 CD 的外壳。

三号鞋盒：11 把完全没人用的银色卷笔刀，因为收集切削物的塑料盒没有了；还有 4 块不能用的橡皮擦，因为被钢笔穿孔了，在擦橡皮擦的时候纸会被涂上蓝色。

四号鞋盒（"坏掉的塑料玩具"）：是空的。

"看到了吗，妈妈，我们的房间里没有那么多塑料玩具！"露西得意扬扬地说。我没理会她，自己咕囔着：这儿貌似差不多"2.3公斤"吧。

"这些东西，我们怎么处理呢？"尤利娅问道。

"去跳蚤市场上卖了吧。"露西建议说。

这个建议被否定了，因为成功的概率太低。

尤利娅说："我们去问问爸爸要不要。"这至少目前听起来不错，我们在晚上之前就暂时不需要处理这些东西了。到了明天早上，我可以把鞋盒里所有的东西都倒进一个蓝色垃圾袋，清空他们。我满怀期待地估算了一下，这些东西肯定超过 3 公斤。

但事情并没有如我所愿地发展。马库斯兴奋地翻着盒子里的东西，然后说道："我可以拿它们来做实验吗？"

"我早就知道……"尤利娅向我投来了一个眼神。

马库斯把卷笔刀从盒子里捞了出来。"这可都是些可以爆炸的，"他微笑着对孩子们解释了一下，"来吧，我们到地下室去。"

一刻钟后，地下室向楼上传来了一声巨响，接着一片寂静，悄然无声。"嘭！"我听到马克西米利安说。

我赶紧跑下楼去，他们是在用卷笔刀制造地下室炸弹吗？所有的一切都变成灰尘了吗，现在是该轮到我拿吸尘器去收拾残局了吗？

当然，没有。

"妈妈，我们刚制造出氢气了！"露西满面笑容地喊道，"就用那些卷笔刀，把它们扔进醋里，然后点燃！"

"喔。"听到这我并没有什么热情。

隔天的早上，等大家都出门后，我就把鞋盒统统倒进了垃圾袋。我称了称，总共 2.9 公斤，如果加上卷笔刀，那肯定超过 3 公斤了。

实验：用卷笔刀生成氢气

你需要：

- 醋精（浓度 20% ～ 25%，最普通、最便宜的超市产品即可）

- 镁制简易卷笔刀（遗憾的是，一般卷笔刀在售卖时不会说明是铝制还是镁制。如果想确认买到的是镁制的，可以在网上搜索"镁制卷笔刀"。或者，也可以在商店购买一个便宜的卷笔刀，然后带回家里滴上一点醋精尝试，如果出现气泡，说明是镁制卷笔刀；如果没有气泡，说明是铝制卷笔刀。若是铝制的，要不就和商店商量换一本不错的科学杂志吧！）

- 一个中等大小的气球

- 一个漏斗
- 一个冷冻袋夹或一段包装胶带，用来临时扎住气球
- 一碗水
- 一支蜡烛和一个打火机
- 一段绳子
- 一支扫帚柄或一根长木棍

安全贴士

请在进行这个实验时戴上安全护目镜、老花镜或太阳镜。请防止醋精与身体黏膜接触！

方法如下：

取下卷笔刀的刀片，将卷笔刀塞入气球中。用漏斗将约 100 毫升的醋精倒入气球，然后立即用冷冻袋夹将气球夹紧。为确保密封，可以将气球的嘴部扭转几下再夹紧。

气球内会迅速起泡，醋也会变热。将气球放入碗中，等待气泡停止生成，气球不再膨胀。

然后，用手指捏住气球，取下夹子。现在将气球倒过来，置于水槽上，然后慢慢地、轻轻地松开手指，使醋精缓缓流出，直到只有气体排出。随后将气球再次系好。最紧张的步骤结束了！你成功制造了大约 5 升的氢气。

气球里可能还有一点卷笔刀的残留物，但不用担心。用一根绳子把装满氢气的气球系在扫帚柄的一端。在一个

和所有人保持安全距离、同时也远离易燃物的地方，点一支蜡烛。请戴上护目镜保护你的眼睛，然后小心地用扫帚柄将气球靠近火焰。

你会听到巨大的但并不危险的爆炸声，然后看到一个壮观的但将迅速消失的火球！

这背后的原理是什么？

这确实是一个美妙的化学反应！醋精或者说25%浓度的醋酸是种不容小觑的物质。人们可以用它来去除石灰，溶解蛋壳，当然你也可能会被严重灼伤眼睛。所以在使用醋精时，请务必小心谨慎！

醋酸的分子式看起来很复杂：CH_3COOH。像所有的酸一样，醋酸在水中并不是作为一个完整的分子存在，而是会分解成带电的离子。醋酸将产生一个带负电的醋酸离子（CH_3COO^-）和一个带正电的氢离子（H^+）。带正电的氢离子对负电子有很强的吸引力，比如我们用到的卷笔刀中的镁电子。镁被认为是一种比较活泼的金属，因为它无法牢牢抓住它的电子。当它与酸接触时，它就不再是中性的了。一个镁原子失去两个电子，而氢原子则要庆祝自己的诞生，并以中性的氢气的形式从溶液中逸出。而镁则成为带着正电的离子，进入水中。如果要产生大约5升的氢气，那你需要消耗100毫升浓度25%的醋酸，这些醋酸几乎会被全部消耗。反应之后，剩下的只有卷笔刀的残留物和溶解在水中的醋酸镁。醋酸镁没有毒性，除非你是从事化学工业的，否则它应该对你毫无用处。所以，放心吧，你可以将这个反应剩余的溶液倒入下水道。

氢气爆炸

比醋酸镁残留物更有趣的当然是氢气的爆炸性燃烧。当氢气与大气中的氧气发生燃烧反应，你能想到的，燃烧产生了水——H_2O。不过，由于火焰温度很高，水是以气态形式存在的，也就是水蒸气。

纯粹从理论上来讲——不过我强烈建议不这样做，这个实验有一个增强版本：将氢气和一定量的空气混合，这种混合气体在点燃后可以发生爆炸。在这个版本中，我们需要确保气球中没有卷笔刀的残留物。然后，我们需要在气球中添加相当于气球内氢气体积 2.3 倍的空气。现在，我们配出了这种爆炸气体的混合物。这个反应的确能产生真正的爆炸，它非常危险。我想你应该不会去做这个实验，不过即使这样，我仍然需要告诉你，这样操作时一定一定要戴上耳罩和安全护目镜。

唯一能够稍稍阻碍爆炸反应的是氮气，它在空气进入气球时自动与氧气一起进入气球中。氮气在最大程度上阻碍了爆炸的发生，它的存在能抑制一些爆炸的速度。然而，以我的经验，即使是最少量的爆炸性气体也足以产生震耳欲聋的爆炸声。这绝对不是一件可以在家里做的事情！

在一次电视节目中，有人曾经想用一个装满爆炸气体的塑料杯展示爆炸。制作团队的最初建议是使用 400 毫升的爆炸气体，但是他们被这个当量的爆炸威力吓坏了，于是悄悄地将装气体的杯子改为 300 毫升。即使减少了这么多，爆炸的威力依然足够强大。300 毫升爆炸气体的效果就足以让制作团队感到满意。自从尝试了那次实验以后，制作公司就给所有人准备了耳罩，总共 300 副，以保护工作室内的每个人，包括明星、主持人、观众、摄像、音响人员、道具制作人员、助手，还有消防员。

"看，老爸，我的手着火了！"

"妈妈，爸爸，快来呀，马克西米利安把自己点着了！"露西尖叫着，声音响彻整个房子。

门都要被推倒了，父母和孩子们轰隆隆地冲下楼。马库斯跌跌撞撞地第一个进入厨房，还没来得及摘掉他的老花镜。马克西米利安站在水槽前，左手拿着打火机，伸出的右手手掌上，火苗正舔着掌心。马克西米利安笑着，得意扬扬地对马库斯说："看，老爸，我的手着火了！"

我抓住他的胳膊，想把他的手送到水龙头下，可他却挣脱了我，"火马上就要熄灭了。"

真的如他所说：火焰变得越来越小，现在只剩下手指上还有一点微弱的光。然后，一切结束了。我是真的要被吓死了，而马克西米利安却被这着火的手吸引了。

他摘下眼镜问道："你是怎么做到的？"

"用打火机里的燃气，还有洗碗的洗洁剂。"马克西米利安得意地向马库斯解释说，"是我们在学校学的。"

"所以，你的意思是，学校允许你们在手上点火吗？"我想了一下，然后记下来，下次家长会我得找学校问问。

马克西米利安回避地说道："不是直接用……不过我们把泡沫放进一个碗里，点燃碗里的泡沫后，这个碗并没有被火烧着！"

好吧，有人可能会说，学校的碗应该是金属做的，可他的手不是。不过，谁幸存下来，谁就是胜利者。好吧，确实，他的手"没什么事儿"。

马克西米利安向我伸出他的手：有点黏黏的，但确实没受伤。

我管不了了，只能无助地看着我的儿子又一次卷起袖子，把手伸进一碗充满泡沫的水里。他抽出满是泡沫的手，用另一只手拿着打火机对准这些泡沫。

"能让我试试吗？"马库斯急切地问道。他几乎想直接上手，就差把儿子推到一边了。

接下来的两个小时，我享受着完全属于自己的时间，我可以安静地在楼上工作，而家里的其他人都在厨房，玩在手掌上点火。除了在手上，也不知道是谁发现的，还能把易燃的泡沫球放到马库斯的光头上，然后点燃。

我正忙着，听到露西在浴室里翻找东西，抬起头，透过半开的门，我看到她从浴室里拿出几罐喷雾：剃须泡沫、发型定型剂和一个荧光黄的罐子，上面写着"糟糕发型的一天：急救摩丝"，下面用小字写着："你的头发没有发型师认为的那么糟糕。"

"那是我的定型喷雾！"我喊道，"你不能拿那个玩火！"

露西把黄罐子放回了浴室。

直到天色渐渐暗下来，我才敢回厨房去看看。那里很安静，几乎一片黑暗。我的亲爱的们还在那里。

"快看。"马库斯小声说，把我拉到他身边。在厨房中央站着马克西米利安，他脚周围有一个泡沫圈，一个大圆圈，足够马克西米利安跳舞了。"发胶。"马库斯解释道。他弯下腰，用打火机点燃了泡沫圈。一个小火焰升腾起来，吞噬着周围的发胶。火焰围绕着马克西米利安的脚，没有熄灭，一圈又一圈，就像卡雷拉赛道上的玩具车一样。

马克西米利安满面笑容地站在燃烧的"车轨"中间。他的双手垂下来，很放松，它们没有着火。太美了。

实验：在手上燃烧的泡沫

你真能把这个实验叫作实验吗？无论如何，这都是令人印象深刻的！

你需要：

• 一罐打火机燃气（请注意是燃气！不是打火机燃油！）

• 一个碗

• 水（约一满杯）

• 洗洁精

• 打火机，最好是带有长柄的

安全贴士

在这个实验里，你是在玩火！点燃泡沫时，一定要让你的手远离任何可能着火的东西。也不要让你的手靠近装泡沫的碗。这很容易着火！

方法如下：

将水倒进盛有很多洗洁精的碗里，然后把打火机燃气罐的喷嘴压到碗底，小心地让一些燃气流进洗洁精溶液里（你得特别小心，以便尽可能只产生小气泡。如果你太快放出燃气，气泡会变大，并且很快就会破裂）。当液体上出现少量泡沫时就可以停止了。

取少量泡沫放在你的非惯用手上，远离任何可能点燃的东西：比如你的头发、厨房里的纸条、装泡沫的碗等等。最近在一档极受欢迎的电视节目中我们观察到，碗里的泡沫很容易在不经意间着火，并且是在没有任何人为的情况下着火的。这当然和"物理达人秀"团队完全没有关系。

希望在听完这些警告后，你仍然有胆量拿起打火机。这样的话，就请点燃泡沫吧，请从它的一侧点燃。接着，你就可以看到一个大火球，是不是大得超出你的预期？！不要惊慌，它一会儿就会熄灭。

这背后的原理是什么？

打火机的燃气在点燃后会燃烧，这毫不令人意外，正如你把手机从埃菲尔铁塔上扔下去，手机会摔坏一样。有趣的是火焰的大小，火焰事实上非常大。在点燃打火机燃气之前，你手上可能有 1/10 升的气体。但是火焰——至少在我们的厨房里是这样——很容易就会增大到拥有几升的体积。所以我们有必要仔细看看这团火焰中究竟发生了什么。

打火机的燃气通常是由丙烷和丁烷的混合物组成的。在一定的压强下，这两种气体都可以变成液体。并且，压力并不需要太高。在室温下，大约 2 巴的压力足以让丁烷液化，这大约只是周围环境压力的两倍。而丙烷则需要大约 8.3 巴的压力。由于打火机的燃气是由这两种物质混合而成，所需的压力便介于这两者之间。这么做很实用，因为这些气体就可以被保持在液体状态，即使它们在轻便的打火机燃气罐中，或者在普通的塑料打火机中，也不难办到。那么它在燃烧过程中发生了什么呢？首先，这两种气体都是碳氢化合物，即碳和氢的合成物质。[1] 当它们燃烧

---

〔1〕 丙烷的分子式是 C_3H_8，丁烷的分子式是 C_4H_{10}。

时，它们的组成成分能与空气中的氧气结合，产生二氧化碳和水蒸气。同时在大多数情况下，还会产生一些烟尘，即未完全燃烧的碳。

形成巨型火焰的第一个原因：参与反应的物质

一个丙烷分子需要 5 个氧气分子才能完全燃烧，这个反应过程中会产生 3 个二氧化碳分子和 4 个水分子。因此，通过燃烧，泡沫中的一个丙烷气体分子就会变成 7 个分子！计算丁烷的这个比率比丙烷稍微复杂一些，不过最终结果是丁烷会产生 9 个分子。因此，从这个过程中我们知道了，我们手上的一个丙烷和一个丁烷分子，总共会产生 16 个分子。由于在相同的温度下，每个气体粒子占据完全相同的空间，所以我们手上的火焰比燃烧前的泡沫更大，就合乎逻辑了。

形成巨型火焰的第二个原因：氮气和其他的气体

还远不止于此：众所周知，空气不仅仅由氧气组成，氧气只占其中大约 1/5。我们呼吸的空气，大部分是氮气（占到 78%），还有氩气和二氧化碳等一些气体。在我们的实验中，这些气体表现得像不请自来的围观群众：它们不参与反应，却拒绝离开反应现场。每个氧气分子燃烧时携带着大约相当于其自身体积 4 倍的氮气和氩气。氮气和氩气只是在那凑热闹，却放大了火焰。对于正在燃烧的丙烷来说，这就意味着当一个丙烷分子燃烧时，火焰中大约有 20 个与之不相关的分子在其周围。而如果是丁烷，这个数字会更大，丁烷的周围大约有 30 个与之不相关的气体粒子。所有这些粒子都会占据空间，这就是为什么火焰如此之大的原因。如果我们在纯氧中进行实验，反应虽然会更加激烈，但火焰可能[1]明显比在空气中小。

形成巨型火焰的第三个原因：热量

化学家们将燃烧放热的过程也称为放热反应。其余的人则更愿意说：火焰很烫！两者的意思是一样的：碳氢化合物和氧气之间的反应会产生热能，而温度高的气体比温度低的气体占据更多的空间。

计算气体因受热而增加多少体积相对容易。气体的体积与温度成正比：温度升高，体积也会相应增加。然而，用这个方法，我们必须以绝对零度为参照开始计算。在绝对零度的这个点，温度非常低，以至于理论上来说，气体可以没有任何体积。绝对零度就是 0 开尔文，它相当于 -273.16℃。在这个低温状态下，理论上我们用的打火机的燃气体积为 0。

现在，假设你的厨房温度为 20℃，这意味着比绝对零度高大约 293℃（想象一条数轴，左边是 -273℃，在负数区间，右边是 20℃，在正数区间，它们之间的距离便是 293℃）。我们的泡沫火焰比绝对零度要高 2243℃，也就是

---

[1] 不要对我说的"可能"不以为然——我不敢在纯氧环境中用手上的泡沫做实验。顺便提一句，我强烈建议你不要这样做，因为纯氧中的反应比空气中的反应更快、更剧烈！

成为泡沫燃烧前的温度的 7.5 倍，因此我们可以计算出气体的体积在燃烧后是燃烧前的 7.5 倍。

将三个原因叠加，会发生什么呢？

综上，每燃烧一个打火机的燃气分子，平均会产生 8 个分子作为反应产物。此外，还有大约 25 个来自空中的"围观者"分子。仅这两项，就使燃烧时的体积增加到燃烧前的 33 倍！然后还有热量：它又使所有的分子都变大了 7.5 倍。

这样，火焰的总体积就是燃烧前泡沫体积的 247.5 倍。因此，如果你手上有 100 毫升的气体，那它可以产生近 25 升的火焰！25 升，满满两大桶半，这可是个巨大的数字。在实际操作中，火焰可能会比计算出来的数值略小一些，因为泡沫中的气体在燃烧一段时间后会被消耗掉。不过这对于我们来说是很幸运的，因为我们谁都不想厨房里出现更大的火球了。[1]

实验：疯狂的泡沫摩丝

这是一个超级棒的实验，第一次尝试它的时候我完全

---

〔1〕 当你放屁的时候也会产生可燃气体。如果你坐在一个充满泡沫水的浴缸里，这些气体就可以被点燃：它们会在水面聚集成包含氢气、甲烷以及其他物质的气泡。

被惊呆了。请你一定要试试！

你需要：

- 一个喷雾瓶包装的泡沫定型剂。根据我们的测试结果，价格便宜且持久力中等的摩丝效果最好
- 一个打火机
- 一个阻燃底座（瓷砖地板、光滑的木板等）

> **安全贴士**
>
> 在点燃泡沫摩丝时，逸出的推进剂气体可能会发生爆炸！请戴上安全护目镜，点燃气体时请使用长柄打火机并与火源保持一定距离。

方法如下：

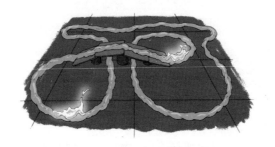

在大约 80 厘米 ×80 厘米的区域内，用泡沫摩丝喷出一条均匀的且足够厚的"轨道"，你可以随意创造曲线和环路。如果你可以找到一张弧形的薄金属弯板，或一些早餐盘，你甚至可以制作一座"桥"。最后，喷好的泡沫最

好看起来有点像卡雷拉赛道，只不过这个赛道是白色的，而且上面不会跑汽车。

气体会从泡沫摩丝中持续地逸出。为了在第一次点燃时避免潜在的爆炸危险，请对整个作品大大地吹一口气，这样可以让已经聚集起来的气体散去。

小心地点燃泡沫。逸出的气体会迅速产生火焰，并且火焰会快速地向四面八方蔓延。一段时间过后，独自燃烧的火苗会越来越少，最终只剩下一两个火焰环绕赛道。有很多次，两个相向而走的火焰会在相遇之后熄灭。最理想的状况就是，其他的火焰都熄灭了，而只剩下最后一个在泡沫赛道上疾驰，所以你可以随意吹灭其他的火焰，只留一束便可。运气好的话，这个留下的火焰能在赛道上跑超过 10 圈，甚至可能达到 20 圈，只要赛道上的某个地方泡沫不至于变得太薄。

我们的经验是，尽量把泡沫涂得厚一点且均匀一点。泡沫厚一点，火焰就能多转几圈了。而泡沫要均匀一点，则是因为火焰总喜欢在凹凸不平的地方稍事休息，然后再从那里重新出发。

这背后的原理是什么？

坦白说，在这一点上我只能提出自己的理论，我可以通过实验来证实（至少实验没有证伪我的理论）。不过遗憾的是，我没有很好的办法去精确研究泡沫的性质，尤其是它的这种随时间变化的性质。如果你有更详细的解释，请与我们分享！

开始的时候，火焰的产生显然是因为泡沫摩丝里含有丙烷和丁烷混合物。混合物作为推进剂，使罐中的液体起泡——如果你能看清包装罐上那些小字的话，应该可以在成分列表上轻松找到它们。从前面的实验，你已经清楚地了解了，丙烷－丁烷混合物总是能够产生效果非凡的大火焰（见上一个实验：在手上燃烧的泡沫）。

然而，泡沫摩丝不仅含有气体和其他各种化妆品添加剂，同时也含有水。下面给出我的理论：我认为泡沫中的水是使得赛道效应成为可能的关键因素之一。当泡沫被点燃时，气泡的顶层会燃烧，而燃烧后，水会被剩下，于是水就形成一层保护层，覆盖在下面的气泡上。不过，水形成的这种保护是短暂的。几秒钟内，水就会沿着气泡壁流下。而此时，在泡沫的顶部，气泡又再次被暴露出来，可以成为火焰的下一个目标了。这样一来，当火焰绕道一圈后，泡沫就又准备好被重新点燃了。

两道火焰相遇时会相互熄灭，也可以用这个理论来解释。在两道火焰的背后，也就是燃烧过的轨道上，都留下了一层水，因此当火焰碰到水时，就无法继续燃烧了。

最后，给大家讲一个有趣的事情：其实这个实验的点子并不是来自德国。开始的时候，我们把实验描述中的泡沫写成了"剃须泡沫"，所以第一次测试完全失败了。好在我有一堆爱美又完全不了解如何做实验的朋友们，其中的一位特别有灵感的编辑帮助澄清了这个误解，也让我作为头顶锃亮的一族，第一次有幸认识了"泡沫摩丝"。

能让人踩上去的坚固甜点

随着一声尖叫，露西掉进了一大盆果冻布丁里。她的下半身都浸在了这些黏黏的鲜绿色的透明东西里，布丁在她的腿周围晃动。

马库斯在布丁盆旁边说了一句"糟糕！"，然后赶紧抓住女儿的胳膊，把她拉了出来。果冻布丁发出啪啪的声音，这东西闻起来有点像人造的香车叶草。

"物理达人秀"团队的工作室里，放着一个装了整整300升果冻布丁的大盆。这里面的每一层都经过蒸煮，然后慢慢冷却成型，一连几天，它们一层又一层被装到这个盆里，直到盆被填满。

果冻布丁能承受得住一个小孩的重量，让他在上面行走吗？这就是我们正在探索的问题，一个有趣的、甚至值得上一上电视的问题。如果我们的探索成功了，这个有趣的实验将有机会在周六晚的节目里播出。所以，我们很高兴地答应了尝试一下这个实验，却完全不知道自己将会面临什么。

我们以前很少做果冻，万圣节的时候，尤利娅和她的朋友们曾经从果冻里刻意抠出一只脚的形状，作为恐怖自助餐，但也仅此而已。因此，我们在做准备的过程中其实没有什么经验：我们买了超级多的果冻粉和糖，然后开始煮，做好的果冻暂时被倒进储藏室的一个废弃浴缸里。虽然浴缸已经比较冷了，但对于冷却果冻来说显然还不够，果冻根本没法凝固。于是，我们又询问了附近的餐厅，是否有冷藏室可以存放 300 升的果冻。有一个餐厅答应了，但是果冻必须被覆盖起来，这使得果冻表面一直处于潮湿状态，还是不能彻底凝固。

于是，我们只好买了一个巨大的盆，然后又租了一辆冷藏拖车。经过一整天的烹饪和冷却，盆里终于被我们装满了足够的果冻，我们终于可以让一个孩子走到上面去试试了。然而，我们的孩子又带来了他们的朋友，他们每个人都想上去走一遍。于是，大盆前排起了一条长队，就像公共游泳池的一米跳板前常有的场景。

现在终于轮到露西了，尽管她是所有人中最轻的一个，却还是猝不及防地陷了进去！她陷在洞里，清晰的裂缝从洞口的周围向外延伸，直到布满整个绿色的果冻表面。我们的露西得救了，但实验的道具却无法得到挽救，镜面般光滑的表面就这样消失了。马库斯看起来有点沮丧。为了让孩子们不至于白白等待，让每个人都有再次走上破碎的布丁的机会，我们铺了一些毛巾。当孩子上去时，我们牵着他们的手，以防止他们狠狠地摔倒，身体完全躺在这绿色的胶状物中。

"这就像是在泥滩徒步！"露西兴高采烈地说道。

"噫⋯⋯"她的朋友也附和着露西，一边在滑嘟嘟的果冻上走，一边向露西展示着她的脚趾头。

当所有孩子都冲完脚之后，我们又面临接下来的一个问题：我们该如何处理这数百升果冻呢？把它冲进马桶似乎太冒险了。

"吃光吧。"马克西米利安坏坏地笑着建议，故意让我们恶心一下。

最后，孩子们排成一条长龙，像运水桶的救火队那样；从第一个人开始，果冻布丁从大盆中被舀出来，然后一个接着一个往后传，直至队尾，最后一个人拿着一个蓝色的大袋子。就这样，果冻被搬运出来，装满了整整五个蓝色大袋子，然后被我们扔进了厨余垃圾箱。

"这不是浪费食物吗？"尤利娅很是担心。

"我们做的'果冻'，严格来说算不上是食物，"我说道，"那只是糖、色素和明胶。"

两天后，又一个果冻盆满了。这回，马克西米利安被允许第一个走上去尝试，是因为我们希望他比妹妹能走得快一些，而且脚步也能更均匀一些。然而，虽然他前头的两三步进行得很顺利，可是之后他依然陷了进去。又是一轮集体水桶搬运和蓝色大袋子操作方法，垃圾桶又被我们装满了。

"我想，问题的答案是不行，很简单。"晚上我对我的丈夫说道。

"什么问题的答案？"

"关于是否能在果冻上行走的问题。答案是不行，你做不到。"

马库斯不同意："原则上是可以的，只是孩子们的脚相对于他们的体重来说太小了。我们必须确保重量分布得更好。就像当你要去救一个陷入冰洞中的人一样，你需要趴着靠近，而不是直接跑到他旁边的冰面上。"

又过了两天，这回，果冻布丁的颜色变成了红色。马库斯在果冻表面铺设了小木板，它们轻轻摇晃，就像海里的浴台。孩子们应该踩在这些木板上，希望这样重量能分布得更好。这将是最后一次尝试。明天，电视台的人会来视察这个实验的情况。

"慢一点，你得非常慢，"马库斯对露西说，"我扶着你。"露西一只手紧紧地搭在马库斯的肩膀上，另一只手则向旁边伸出去，就像走钢丝的演员一样，她一步一步跨过每块木板，木板摇摇晃晃，四个角被轻轻地压入了布丁一点。在这些地方，布丁表面出现了细小的裂缝，不过还足以支撑。终于，露西干干净净地来到了木板的另一端，她高兴地跳入马库斯的怀里，马库斯将她抱在空中转了一圈。

不过，对于一个周六晚上的电视节目来说，如果用木板，还不够吸引观众的眼球，我们意识到了这一点。毕竟，问题是"孩子能在果冻上走吗？"而不是"孩子能在布丁盆里的木板上保持平衡吗？"

我们朋友圈里的一位登山者为我们想到了一个完美的点子。"没有不好走的路，只有穿错的鞋。"她在观察了我们的实验之后说，"为什么不试试踏雪板呢？它们可以分散重量。"

终于，在四周后一个周六晚间的电视节目上，一个可爱的小女孩穿着踏雪板从装满果冻的盆子上走了过去。我们坐在电视机前，吃着薯片、椒盐脆饼和花生。不知怎么的，我们再也不想吃甜食了。

实验：在果冻上行走

如果你有机会做电视节目，你应该自己做这个实验。

在我们准备上电视节目的实验中，我们用了：

• 43.4 千克果冻粉

• 254.2 千克糖

• 983.0 升水

• 一个长 3 米、宽 1 米、高 40 厘米的能装果冻的大盆

方法如下：

要准备这么多的果冻可不容易，需要付出很大努力。在电视节目的制作中，最重要的是实验工作要尽量安全。

这意味着所有事情都得按照家里已经测试过的方式来做，因为果冻到了这个体积，没人知道万一配方变化会对结果有什么影响。如果想要完整地测试所有可能影响结果的参数，那太费时费力了。

我们制作果冻的具体方法如下：在工作室的大厨房里，我们把加入果冻粉的水加热到80℃，在那里面加入糖，然后把全部的混合物倒进大盆子里，当然，大盆子是事先准备好放在冷藏车里的。不难想象，这得分几次完成，因为就算是最大号的锅也装不下1.2立方米的液体布丁。注意，温度不能超过80℃，要不然布丁就不能完全凝固了。

接下来，做好的这个果冻糊必须得慢慢冷却，还要保持静置，这样才能确保它足够结实。冷藏车里必须相当干燥，因为布丁在冷却时会释放出很多水蒸气，这些水蒸气滴到布丁上会导致布丁的表面没有那么坚固。之前，我们做的一个体积较小的实验品，它被覆盖上一层保鲜膜，放在附近南斯拉夫餐厅的冷藏室里，效果就不尽如人意。

当碰到的所有问题都被一一解决之后，一个勇敢的小女孩就可以站在周六晚间的电视节目镜头前，自豪地告诉大家：你没法穿橡胶靴或者拖鞋走过果冻，但可以尝试穿踏雪板。你已经了解了，就是那种超级宽大的鞋子，看起来就像你脚下绑了一个网球拍一样。

这背后的原理是什么？

先和大家说说这当中让人没那么舒服的一部分：果冻

之所以会变硬，是因为里面含有很多明胶。明胶是从猪的骨头和皮肤里提炼制成的。5公斤的猪皮可以制作大约1公斤的明胶。如果你不是那么抵制动物制品，那么明胶其实是一种非常实用的东西。它可以用来做软糖、蛋糕甚至药丸等，而且使用起来也很方便。它冷却的时候会凝固，受热时则会再次变成液体。它既不会引发过敏反应，口感也相当好。目前市面上还没有素食产品能够满足所有这些要求……

为了理解明胶为何如此坚固，我们需要了解一下明胶中的骨胶原。骨胶原使得动物的肌腱、韧带和骨骼不仅具有稳定的特性，同时也保证它们具有一定程度的活动性。骨胶原由三条缠绕在一起的蛋白质链组成，就像一条由三股纤维缠绕成的绳子。当骨胶原被煮上足够长的时间后，它们就会变成一个个更小的单独的骨胶原链，在其末端这些蛋白链看起来像几股散开的绳子，有点像蛋白"流苏"。

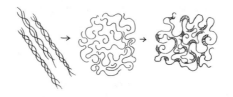

这些蛋白链简直就是明胶的王牌：在明胶被加热的时候，这些束状的蛋白就会溶解在水中；当明胶冷却下来的时候，它们又能找到彼此，并以最疯狂的方式和方法互相缠绕打结。这样，一大团明胶果冻就能特别稳定，就像我

们期待的一样。不过这也需要时间。所以想要做出好的成型的果冻，我们需要让它尽量慢慢冷却，而且需要尽可能少地去翻搅它，在它变稳固之前不要瞎摇它。

这样就对了！这样它就能承受较大的重量。通常来说，果冻虽然不能直接承受一个成年人的体重，但如果这个人比较轻，并且能利用踏雪板将自己的体重分散到更大的面积上的话，那么要想在这摇摇晃晃的神仙甜品上慢慢走过去，也不是没有可能。只不过，但愿此人乐意。

最奇怪的实验

"真羡慕你的工作"，在一次生日庆祝宴上喝咖啡的时候，一位朋友向马库斯感叹道。她用蛋糕叉指着马库斯，说："你的工作太有意义了！你为教育做出了贡献。"马库斯谦虚地笑了笑。

在桌子的另一边，尤利娅咧嘴笑着说："爸爸，你为什么不告诉她你昨天做了什么？"

"昨天我掏空了一个西葫芦，然后在里头塞进一根意大利香肠，然后把它点燃。"马库斯认真地说道，"这是把天然的火焰枪。"

"好吧，我的羡慕当然是在一定范围内的，"我们的朋友一边切着一块苹果派，一边说，"也许你的工作并不比我的有意义。"她的工作是给私人广播电台卖广告。

"与我的暑假工作相比，任何事情都更有意义。"尤利娅说道，"我的工作是在那家家具店里，站在自助收银的机器旁，给买东西的人展示如何拿扫描枪。"

咖啡香气四溢，蛋糕也那么美味可口，越来越多的奇怪事情浮现在我的脑海中，这些事并不一定有意义，比如：熨烫一件内衣，给贵宾犬修理毛发……不过，在这些最奇怪的事情列表上，前三名都来自马库斯的工作室。

第三名：用吸尘器举起一个孩子

想要举起一个孩子，你需要多少台吸尘器？我们的孩子对探索这个问题的答案特别有热情，他们每个人都特别想被举到空中。直到他们的手被吸尘器给吸住了（第一次测试的时候），甚至我们还没有把吸尘器的吸力调到特别大。

"嗷！"露西疼得赶紧把手缩了回去。

其实，她应该不是真的疼，但感觉挺吓人的——尤其是后来马库斯宣布，如果想要被举起，需要将吸尘器的管口放在他们的肚子上，因为那样的话，作用的表面积更大。听到这个，我们的"志愿者们"纷纷撤退到了花园的蹦床上。

马库斯决定首先从理论上入手这个问题。"这就是物理学的伟大之处，你可以计算一切。比如，你需要多少台吸尘器？"

计算的结果让我们感到惊讶：从理论上讲，一台吸尘器足够把一个小孩吸起来。然而，这也表明了计算不能1:1地直接应用于现实生活。要用吸尘器吸起一个孩子，吸盘必须附着在一个非常大的表面上，而任何吸尘器不可能有那么大的吸盘。

更重要的是，整个事情应该是非常壮观的。事实上，使用许多吸尘器比只使用一台吸尘器的效果会好得多。一家知名的吸尘器公司借给我们 50 台他们吸力最强的吸尘器。随后，露西穿好了她的滑雪服，50台吸尘器同时打开，对准她的滑雪服。实验设备周围，四名成年人踌躇以待。

"开始！"马库斯喊道。我们小心翼翼地拉动管子。扑通一声，吸尘器松开了滑雪服，不管再怎么吸，它只能吸点儿空气。

正当马库斯在思考如何解决这个问题的时候，孩子们在他们的房间充分证明了借来的吸尘器没有问题。露西忙着验证"吸尘器能做什么"的实验。一系列东西被列入这个实验对象清单：一只袜子，嗖地被吸尘器吸过去了；一个乒乓球，完美地卡在了吸尘器的吸口上，还特别难取下来。

不过，没想到露西歪打正着，无意中解决了马库斯思考的问题：两个月后，电视上播出了马库斯发明的世界上第一个用袜子做的吊索装置。50台吸尘器分别吸住一只袜子，袜子里面放着一个乒乓球。索绳从袜子引出，连接到一个攀岩用的安全带上，孩子只需要穿戴好安全带，就能被缓慢而稳定地抬升到空中。

演出结束后，我们归还给制造商49台吸尘器，留了一台自用，因为它的吸力真的很好。

第二名：用手指旋转牙刷

一把牙刷从我的脑后飞了过来，划过我的耳朵，撞到镜子上。从镜子上反弹回来的时候，它还撞倒了两管牙膏和一个牙刷杯。噼里啪啦地，牙刷和牙膏杯子统统掉进了水槽，我吓得大叫一声，差点被自己嘴里的牙膏呛到。"抱歉。"马库斯朝我示意了一下，然后收拾起掉在水槽里的他的牙具。"让牙刷围绕手指旋转，这动作真的有点难。"他竖起食指，将牙刷横放在手指上，牙刷头正好卡在上指节处。他动作迅速地松开牙刷，同时用手指打转，试图转动牙刷，而牙刷只旋转了半圈，就从马库斯的手上飞了出去，撞向浴室的墙壁。

"我以为这会是一个关于离心力的有趣实验。"马库斯解释道，一边把牙刷捡起来。毕竟，在展示物理的舞台上已经有了几次关于离心力的实验，比如一个旋转的水柱，或者在来回摆动的秋千上放一杯香槟。牙刷看起来很难控制：经过几周的练习，马库斯才成功地转了三圈以上。又过了两周，我在浴室里有点惊讶地发现，一位物理科普工作者，颇为自豪地正在他的两个食指上同时旋转着两支牙刷。其中一支是我的！

"嘿！"我有点想骂人。

马库斯被吓了一跳，然后，我的牙刷悲剧地掉到了马桶刷上。

就这样，现在我给他找了几支专供他练习用的牙刷，刷牙用的牙刷必须和那些练习用的牙刷分开放。

第一名：用猪血制作冰淇淋

桌上的啤酒杯正在被慢慢地倒入黏稠的猪血，有些血流了出来，弄脏了杯子边缘，血滴从杯口流下来，看起来像极了一条条暗红色的仿佛是蜗牛爬过的痕迹。马库斯毫不在意地用手指将它们擦掉，然后又把沾在手上的血擦到了厨房毛巾上。

"现在倒双氧水！"

马库斯从一个透明的塑料瓶中慢慢地将一些透明液体倒进了啤酒杯中的血里。"咝咝咝"，透明液体和血液混在了一起，杯中开始起泡，暗红色逐渐变成了肉粉色。啤酒杯里原本只有大约一半的血，而现在这肉粉色的液体几乎快要从杯子里溢出来了。上面还有一堆蓬松的、肉红色的、特别稳定的泡沫，这团泡沫圆得像个球，看起来有点儿毛茸茸的。

马库斯很满意："这看起来就像个草莓冰淇淋！"

实际上，要不是因为整个厨房里弥漫着一股掺着血腥味的染发剂味道，大家可能真的会把这堆东西误当作冰淇淋。

这个"冰淇淋"会在主题为化学的年度活动中展出。由于"物理达人秀"团队的库房里没有冰箱，所以在那之前，我们家的冰箱就全被猪血占满了。它们被整齐地装在一个个冷冻袋里，但马库斯却没有给它们贴标签。在那之后，我几乎每天都担惊受怕，生怕一不小心解冻的是一袋猪血，而不是番茄汤速冻包。还有，如果是孩子们去地下室拿意大利面的冷冻肉酱，他们就会拿两包过来，然后问我："这是意面的肉酱还是猪血？"

还好，化学主题年终归有过去的一天。在那之后，我们再也不会用猪血和双氧水来做冰淇淋了。不过，因为猪血冰淇淋的阴影，直到现在，我们还不怎么喜欢粉粉的草莓冰淇淋。

实验：用吸尘器举起一个孩子

这背后的原理是什么？

用吸尘器能举起什么东西？实际上不论你用什么吸尘器，这个问题只取决于下面这三个参数：负压、密封性和表面积。让我们再来仔细看看。

负压

好的家用真空吸尘器是能够产生很大的负压的。测量负压其实并不困难：在房子的一楼放一桶水，在水里放一根长软管，软管需要足够长，可以延伸到二楼。将软管延伸到二楼的一端接上吸尘器的吸嘴，打开吸尘器，看看它能把软管中的水吸到多高。我们在实验中使用的高级吸尘器可以把水吸到 2.45 米高。水柱的高度可以通过经验法则轻松转换成压力差：每 10 米水柱的压力等于 1 巴。因此，我们的吸尘器可以产生大约 0.25 巴的负压。顺便提一下，其实用嘴也可以获得很大的压力，可能在吸的时候会有点疼，但你可以用嘴使负压达到大约 0.8 巴。

密封性

要保持负压，前提条件是产生负压的地方密封性好、不透气。在我们的实验中，袜子的布料可以提供足够的密封性。穿过压缩布料的少量空气将被吸尘器的大吸力所抵消。

表面积

吸尘器可以吸起的重量取决于吸力区域的表面积大小。我们吸尘器的管口面积约为 8 平方厘米。在这个面积下，它大约可以吸起约 2 公斤的物体。让我们开个脑洞，如果将吸尘的管口扩大到 1 平方米，同时这个管口又具有很好的密封性，那吸尘器就可以吸起 2500 公斤。这大约相当于我们演出用的货车的净重。或许有一天，吸起一辆货车能成为一个不错的压轴节目表演？

实验：在手指上旋转一把牙刷

为什么只能是一把牙刷？

你需要：

- 一把或两把牙刷。最好选择牙刷头和牙刷柄之间有比较大弯曲度的那种牙刷
- 蜂蜜或糖水，如果你喜欢的话

方法如下：

伸出你惯用手的食指，指向前方。然后，将牙刷挂在食指第一个指关节的位置上，当然是靠近指尖的那个关节。把牙刷的刷头看作钩子，现在开始小心地转动牙刷。如果你是右撇子，就向右转，如果你是左撇子，那就向左转。

如果你成功了，那太棒了！如果几次尝试没有成功的话，你应该增加牙刷与手指之间的摩擦，比如你可以在嘴里稍微湿润下手指，然后再试一次。

当然，这个实验可以升级：两只手，两支牙刷，两支牙刷的旋转方向相反，或者相同。控制旋转迅速停止，或者继续，又或者你可以改变旋转的平面，让牙刷像直升机

一样水平旋转。无限可能！

这背后的原理是什么？

嗯，关于这个怎么说呢？转动手指，牙刷会围绕着手指旋转，一个旋转罢了。当手指和牙刷之间有更大的摩擦力时，旋转的效果更好一些。而手指在稍微湿润的情况下摩擦力就会更大一点——如果你知道用湿一点的手指更容易翻动光滑的杂志或目录页，你就知道我在说什么了。

这是因为湿润改进了两个物体之间的接触面。虽然在微观层面上，你的手指和牙刷的刷毛都非常粗糙，但它们只在某些点上接触。皮肤和牙刷刷毛上的分子在接触时会产生相互吸引，但仅此而已，因为它们只在一些微小的地方接触。一层薄薄的水膜可以填补许多坑洼不平的地方，从而使手指和牙刷实现更好的接触。另外，水还具有强大的内聚力，也能有效地使物体表面湿润，所以还充当了手指和牙刷刷毛表面之间的黏合剂。

但是，如果水层太厚，反而会起到反作用：牙刷的表面会在水的润滑下打滑，然后你的牙刷就只能掉在水槽里了——最好是在水槽里而不是在别的地方。所以，实验的关键是手指微湿——既不能让它很干燥，也不能让它过于湿润。

而另一件让我头疼的事是，手指上的水分大约 30 秒就会蒸发。我尝试了各种方法，看看有没有水以外的东西也能产生必要的摩擦力，但都没有成功。直到写这本书的时候，我才忽然想到有些液体并不那么容易蒸发：比如橄榄油？我试了一下，可惜橄榄油实际上会使摩擦力变小。或者某种树脂？也许可行，但听起来很麻烦。嗯，不想其他了，我们只需要防止水分蒸发。这样就简单多了，确实有办法！如果你的手指上沾过可乐或棉花糖，那你一定知道它能黏多久。水分好像不会蒸发一样，否则不就只剩下糖的结晶了？

糖可以保持水分。当你把一个糖罐打开，糖便会吸收空气中的水分，这种特性被称为吸湿性。我当然要马上测试一下。首先想到的是用蜂蜜，虽然我几乎忍不住要把手指蘸进罐子里，但最后，我还是选择先在勺子上滴一滴蜂蜜，然后把它涂抹在食指上，并用少量的水轻轻湿润。结果的确很惊艳！现在，牙刷可以在我的手指上转几分钟，直到最终，蜂蜜开始变得过于黏稠。浓糖水也具有同样的效果。好了，让我们对厨房和浴室里的科学知识致个敬吧！

实验：用猪肝或猪血制成的"冰淇淋"

已经有一段时间了，我在计划什么时候可以在电视演播室里展示这个实验。"太恶心了！"这个实验常常会被嫌弃，可我还是不会放弃的！

你需要：

- 双氧水（含 3% 双氧水的溶液，药店有售）
- 30 克肝脏（猪肝、鸡肝、牛肝，随你喜欢）
- 一个手持搅拌器
- 一个碗
- 一个水杯

方法如下：

多年来，我们一直拿化学用品中的含 30% 的双氧水来做这个实验。不过，因为写这本书的时候，我们想确保亲爱的读者朋友们也能成功买到浓度 30% 的溶液，所以就去药店尝试了一下——可惜失败了。我们了解到的情况大致如下：一直以来，女士们都使用双氧水漂白自己的头发，所以药店一般常备有 30% 的溶液，她们可以根据自己的需求来对其进行稀释。直到几年前，互联网上出现了一些如何用双氧水和其他现成的化学品来制作炸弹的说明，药店就开始限制出售高浓度的双氧水了。就连在我们这个向来平静的郊区小镇，都有人来电询问药剂师，听起来他们想订购一些可疑的混合物。当药剂师进一步问及他们要订购的原因时，这些人往往很快挂掉了电话。

所以现在，浓度较高的双氧水已不能随意购买，8% 是被允许售卖的最高浓度。尽管如此，你还需要先找到一家备有较高浓度溶液的药店，并让药店为你稀释到 8%。由于这个过程很费时间，我们又不希望你在购买的过程中被询问一些奇奇怪怪的问题，所以我们就直接使用了 3% 的溶液，这个浓度会让事情简单很多。3% 浓度的双氧水是很常见的，到处都有。

安全贴士

在实验时，请务必戴上安全护目镜，并用橡胶手套或类似物保护双手。双氧水可能会对眼睛和皮肤造成伤害。

实验过程：取约 30 克肝脏，加入少量水，搅拌肝脏和水的混合物，直至其呈现出类似血液的浓稠质地。将约 25 克的双氧水倒入一个玻璃饮水杯中，然后将这些已经被搅拌成泥状的肝脏迅速地倒入杯中。杯中的混合物会立即开始产生泡沫，玻璃杯在几秒钟内会被略带红色的泡沫填满。如果使用高浓度的双氧水，那么起泡的效果看起来会有一点像草莓味的香草冰淇淋。而如果用的是 3% 的双氧水，起泡的效果看起来则有点像快餐店里的奶昔。

泡沫里含有氧气。如果你用燃烧的火柴稍稍靠近泡沫，就能观察到这一点。如果你小心地将火柴插入泡沫中，火焰不会因为泡沫里的水分熄灭，相反，泡沫中的氧气会使火焰持续燃烧。

这背后的原理是什么？

双氧水，众所周知是一种漂白剂，不过如果它进入人体内，则是一种危险的有毒物质。它能破坏细胞膜并可能损坏细胞内的遗传物质。不过，好在我们人类拥有一种快速起效的酶，能在最短的时间内分解这种物质。这种微生物界的超级明星叫作过氧化氢酶。这种酶尤其存在于肝脏、肾脏和血液中。过氧化氢酶能够将过氧化氢分子（H_2O_2）中的一个氧原子（O）移除，留下无害的水（H_2O）。被窃取的氧原子会和另一个氧原子结合，以氧分子（O_2）的形式释放出来。

在此过程中，过氧化氢酶的作用非常迅速和彻底。一旦将肝脏细细地捣碎，当这浆状物与双氧水充分混合，我们就可以认为过氧化氢已经被完全转化成了水和氧气。按照上述的数量和浓度，大约会产生1/4升的气态氧，满满一杯。唯一不同的是，氧气存在于淡红色的泡沫中。可惜，这颜色会让大多数人感到有点恶心。泡沫在接触双氧水后不完全是暗红色的了，毕竟双氧水还有一点漂白剂的作用，就像它能漂白头发一样。

致谢

有太多人需要由衷地感谢了，以至于我们很难为此找到合适的话语。首先绝对要感谢我们的孩子：无尽地感谢你们带给我们的所有乐趣，你们的发现和热情的讨论，还有与你们一起度过的时光。你们是最棒的！

同时，也非常感谢我们的父母：感谢你们对我们稀奇古怪的想法的无限信任甚至是鼓励，以及充满爱地、不知疲倦地帮助我们实现这些想法，感谢你们支持我们，为我们提供帮助！当然我们也不会忘记你们在吃饭时爱玩手机，或者是意外倒掉我们的"死海"——对于这个实验而言，没有比这更体面的结局了。

不管是欢欣鼓舞还是略有质疑，我们都对朋友们的大力支持心存感激。他们没有问我们怎么能放下繁忙的事务而去出版一本书，而是站在我们这边，给我们建议和支持。

感谢史蒂芬·豪斯勒，作为专业编辑，他不仅提供了关于物理学方面的专业意见，还带来了创造性的想法，使这本书更为有趣丰富。

感谢亚历克斯、艾娃和弗兰克的校对。感谢索菲亚和京特照看我们的孩子们和制作魔法棒。感谢拉尔夫在双陆棋中计算复杂的投掷概率，以及托马斯的化学建议。我们学到了很多。

没有物理学家团队的支持，就不可能有这本书——非常感谢老板的信任，即使在我们一筹莫展的时候！

还要特别感谢埃尔顿为本书写的精彩序言！我们感到非常荣幸！

非常感谢彼得·莫尔顿，他把我们的理念带到了书展。我们感谢海涅出版社提供专业支持并耐心回答我们的无数问题。